U0321592

天然香料健康图典

Trendshealth of Natural Perfume

纪红兵/肖作兵/牛云蔚 编著

广东旅游出版社
GUANGDONG TRAVEL & TOURISM PRESS
（中国·广州）

图书在版编目（CIP）数据

天然香料健康图典 / 纪红兵，肖作兵，牛云蔚编著. — 广州 ：广东旅游出版社，2017.11（2021.1重印）

ISBN 978-7-5570-0997-7

Ⅰ. ①天… Ⅱ. ①纪… ②肖… ③牛… Ⅲ. ①天然香料－介绍－图集 Ⅳ. ①TQ654-64

中国版本图书馆CIP数据核字(2017)第132105号

出 版 人：刘志松
责任编辑：陈晓芬　殷如筠
责任校对：李瑞苑
责任技编：冼志良

天然香料健康图典
Tianran Xiangliao Jiankang Tudian

广东旅游出版社出版发行
（广州市荔湾区沙面北街71号首、二层）
邮　编：510130
电　话：020-87348243
印　刷：佛山家联印刷有限公司
（佛山市南海区桂城街道三山新城科能路10号自编4号楼三层之一）
开　本：889mm×1194mm　32开
字　数：170千字
印　张：7
版　次：2017年11月第1版　2021年1月第2次印刷
定　价：58.00元

序

　　自公元前二世纪开始，起始于古代中国的大量丝绸、瓷器等物资，通过"丝绸之路"这一连接亚欧大陆的贸易通道，运往西方国家。"丝绸之路"广义上可分为"陆上丝绸之路"和"海上丝绸之路"，因其以丝绸贸易为主要媒介的西域交通道路得名。"丝绸之路"虽以运输丝和丝织品而得名，但所运输的货物远远不止这些商品，除了丝绸、瓷器、茶叶等各种珍玩异货，香料也占有相当的比例。随着丝绸之路的开辟，汉代开始从域外输入了香料，从此"香料之路"是"海上丝绸之路"的代名词。

　　历史从来不会重复但确实常常惊人相似。中国提出了"一带一路"（The Belt and Road），是"丝绸之路经济带"和"21世纪海上丝绸之路"的简称，2013年9月和10月由习近平主席分别提出建设"新丝绸之路经济带"和"21世纪海上丝绸之路"的战略构想。它将充分依靠中国与有关国家既有的双多边机制，借助既有的、行之有效的区域合作平台。"一带一路"贯穿亚欧非大陆，一头是活跃的东亚经济圈，一头是发达的欧洲经济圈，中间广大腹地国家经济发展潜力巨大，且多为香料的产地国。我们相信，藉着国家实施"一带一路"战略契机，将全力推进加快天然香料行业的发展与香文化的繁荣。

　　从跨越千年的古今"丝绸之路"可看出天然香料的重要性。然而，面对天然香料，广大普通民众多是知其然而不知其所以然。有感于目前天然香料市场良莠不齐，普罗大众对天然健康的生活方式充满追求，然而对天然香料的认识水平却严重不足的状况，笔者根据多年来对天然香料与健康功能性材料的研究经验，组织编写了《天然香料健康图典》这本书。

本书系统全面地介绍了天然香料的基础知识、提取与分离、性质与检测、功效与使用方法，天然香料在日化、食品、医药、烟草与家居生活等方面中的应用，以及天然香料的研究情况。既有深入浅出的概念和理论介绍，也涵盖了人们所关注健康生活的应用。本书图文并茂，通俗易懂，旨在让读者能了解天然香料科普知识与专业使用方法，满足人们对天然健康生活的需求。

感谢国家重点研发计划"纳米科技"重点专项"芳香纳米材料制备及应用研究"（2016YFA0200300）对本书提供的资助。

感谢从事天然香料研发的人员，如田华、欧春凤、吴志伟、马飞、刘利民、谭爱珍、刘璇，以及已经毕业的蒋栩璐、刘正芳、易丹等硕士们，为本书提供了丰富的素材；感谢我的助手邓秀琼博士，她完成了整理和更新工作。感谢李有梅博士完成了对本书的校对工作。

由于笔者水平所限，时间紧迫，本书一定还存在许多不尽如人意之处，恳请广大读者批评指正。

2017年3月于康乐园

目录

第一章

缘起原香

"海上丝绸之路"与"一带一路",
两个相距千年的战略,却共同演绎着"香"
的故事……

第一节　海上丝绸之路与"一带一路"

　　"海上丝绸之路"是古代沟通亚、非、欧三洲之间贸易往来的主要海上通道，在隋唐时运送的主要大宗货物是丝绸，所以人们称其为"海上丝绸之路"。到了宋元时期，香料成为最重要的商品，因此又称其为"海上香料之路"。到宋代时，陈敬《陈氏香谱》中所列香料多达80种，其中三分之二是通过海上丝绸之路传入中国。除了麝香、丁香是中国传统香料外，其他大多数需要依靠香料之路传入中国，如印度的天竺、乳香、

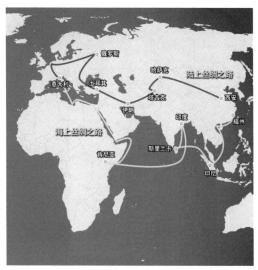

图 1-1-1　古代丝绸之路路线示意图

白豆蔻等，阿拉伯的没药、小豆蔻属、阿拉伯香草、松香、芦荟等，伊朗的没药、小茴香、安息香、龙脑香，欧洲的木香、肉豆蔻、木金香、迷迭香以及非洲的丁香、檀香、肉豆蔻等多种香料通过海上香料之路进行各国间香料贸易往来，同时香料之路见证了中国的香文化高峰。

　　"一带一路"是"丝绸之路经济带"和"21世纪海上丝绸之路"的简称。"一带一路"贯穿亚、欧、非大陆，一头是活跃的东亚经济圈，一头是发达的欧洲经济圈，中间广大腹地国家经济发展潜力巨大。现代中国与世界联系紧密，将会带来更多种类的香料互通，带领中国香文化走向又一个高峰。

图 1-1-2　"一带一路"路线示意图

第二节 世界古国的香文化

1. 古埃及

公元前3000年，古埃及人发明了简易的蒸馏机，从草本植物、水果、蔬菜、禾木草类及花朵等植物中提取天然香料，应用于治病、祭神以及制造木乃伊的防腐剂。1922年，考古学家在胡夫法老建造的"大金字塔"中，发现大量的化妆品、药品、按摩膏，另外考古学家还发现一些压榨或蒸馏木头、植物的器具。在1300多年前的花岗岩石板上记载着，法老王以香膏献祭狮身神，制作香膏的祭司们算得上是最早的调香师了。埃及的古书中记载埃及艳后在沐浴时喜欢加入玫瑰精油和檀香精油及橙花精油等，她巧妙地将天然香料用于自身，使自己散发

古埃及

图 1-2-1 古埃及关于应用香料的记载

香气，成功地迷倒了安东尼和恺撒大帝，从而让他们为她平定内乱，为埃及带来和平。

2. 古希腊

　　古希腊师承埃及，将天然香料发扬光大，把香薰用在芳香与治疗方面。古希腊人在很早以前就知道用橄榄油浸泡植物或者花朵来吸取精华，并应用在美容和愈合伤口方面。公元前430到公元前427年，古雅典暴发瘟疫，"医学之父"西波克拉底曾主张民众在街角燃烧有香味的植物抑制瘟疫的扩散。西波克拉底、毕达格拉斯、安比多克勒都曾留下众多关于天然香料的知识记载。

3. 古中国

　　公元前2700年，神农氏尝遍百草，创作了神农氏草药书。作为世界上最早的医书，神农氏草药书记录了近300种植物的形貌和功效，其中几种植物的精油属性与现在所研究出的属性相符。李时珍编撰的《本草纲目》中记载了2000多种植物的神奇功效，为中国古代医学奠定基础。中医的经络穴道疗法与近代的芳香疗法结合，会产生更神奇的效果，目前，许多芳香疗法教育机构将中医列为学习课程之一。

《本草纲目》中记载了各种植物的神奇功效。

图 1-2-2 《本草纲目》对天然香料功效的记载

4. 古罗马

公元前30年，古罗马掌管古希腊，同时也传播了古希腊所有与草药相关的知识。其中古希腊医生迪奥斯科里德在《药材医学》中详细记载了600种药用植物的功效与使用方法。古罗马人也研究蒸馏技术，其焦点是花水而不是精油。古罗马人十分迷恋玫瑰，贵族在餐厅中铺满玫瑰，在室内安装玫瑰水喷泉，在身体上喷玫瑰香水，甚至在食物和酒水中也加玫瑰。古罗马军队征战欧洲大陆，同时也将天然香料文化传至各个国家。《圣经》中记载，耶稣诞生之时，三位东方智者将黄金、乳香、没药献给他。

《圣经》中记载：东方三博士特别挑选乳香作为礼物，送给刚诞生的耶稣，表示对他敬畏和虔诚的心，因而乳香又被称为"基督的眼泪"。

图 1-2-3　《圣经》中记载有关香料的典故

第三节　香料与香精

　　广义的香料是香原料与香精的统称，狭义的香料指香原料而不包括香精。

　　香料是一种能够被嗅感嗅出香气或味感尝出香味的物质，大体可以分为天然香料和合成香料两个大类。

　　广义的天然香料是指那些含有香成分的动物或植物的某一些生理器官，如香腺、香囊，或者是花、叶、果实、果皮、枝

8

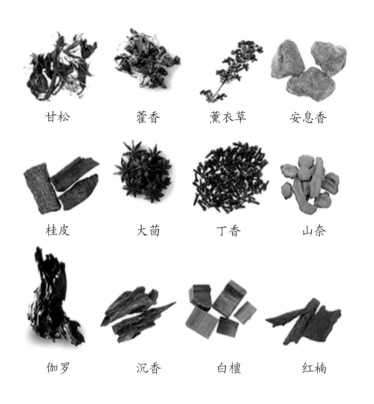

甘松　　　　藿香　　　　薰衣草　　　安息香

桂皮　　　　大茴　　　　丁香　　　　山奈

伽罗　　　　沉香　　　　白檀　　　　红楠

干、根、籽等，抑或是一些分泌物如树胶、树脂、香膏等，以及从这些分泌物或组织中经过加工得到的含有香成分的物质，如精油、香树脂、浸膏、酊剂、净油等。狭义的天然香料只指那些从含香的动、植物器官或分泌物中经过加工得到的香成分物质，这类产品的成分非常复杂，是一种天然的混合物，但是每一种成分又各自有其特有的香气或香味特征。

　　合成香料是指那些运用不同的原料，通过化学（或生物）合成的途径制备出的单一的香料品种。这些品种若根据化学结构可分为烃、醇、酸、酯、内酯、酚、醚、醛、酮、缩醛、缩酮、腈、大环、多环、杂环、卤代物、硫化物、卤化物等。

　　香精是一种由人工调配出来的含有两种以上甚至几十种

香料的混合物。香精的调配是一门艺术，也是一种技艺，即通过香料调配使形成一定香型或香韵和一定用途的香精的过程。首先要明确所配香精的香型、香韵、用途和档次，然后考虑香精的组成，确定哪些香料可以作主香剂、协调剂、变调剂和定香剂；其次，根据香料的挥发度，确定香精的组成比例，一般头香香料占20%～30%，体香香料占35%～45%，基香香料占25%～35%；在以上基础上提出香精调配配方初步方案并正式调配。

香精按用途可以分为日化、食品及饲料粉末香精。其中用得最广的还是日化香精，如用于香水、花露水、肥皂、洗涤品及清洁剂，以及胭脂、口红、化妆水等等。在食品中应用的香精是食用香精，如各种无醇饮料用的水质甜味香精，用于糖果、糕点等的油质甜味香精；在调味品中，方便面、香肠、肉食品中应用的液体油质、粉质及膏状香精，都称为咸味香精。

很多天然香料被列为上品药材。与天然香料相比，合成香料虽然香味相似，甚至香气更浓，但就香味品质及安神养生、启迪性灵的功能而言，两者却不可同日而语。且合成香料虽初闻也感觉芳香四溢，但多用却不利于健康。单就气味而言，合成香料也只是接近而远远不能与天然香料相媲美。

第四节 什么是香气?

1. 香气

所谓香气,就是指令人感到愉快舒适的气息总称,它是通过人们的嗅觉器官感觉到的。以调香而言,气与味的感觉是统一的:嗅觉神经感觉出气息,三叉神经感觉味,合二为一则称之为香气嗅感。引入我国中医的"四气""五味"原理,形成了香气"五气分类法",即可分为酸、苦、甜、辛、碱五气。

(1)酸气。人对酸气较为敏感,尤其是无机酸,对于日常生活中的醋酸很熟悉,对于食物的腐败酸、发酵酸等也不陌生。天然香料中,薄荷油、萜烯类、各种香脂类(大部分)及青涩类的精油等均可列为酸气香韵;合成香料中,樟脑、桉叶素、乙酸酯、青涩的醚类、烷烃类等部分香料可归于酸气类。

(2)苦气。苦气,指的是会使人有不愉快感的气息。可分为两种类型:一是新鲜的中药、植物茎叶之青苦气,如天然冬青油、橙叶油等;二是带焦气的醛、酯及香豆素等苦焦气,均称为苦气。

(3)甜气。香料中甜气的存在面是非常广的,能给人快感、甜蜜感。归为甜气的有鸢尾凝脂、甲基紫罗兰酮等蜜甜韵,有似玫瑰、香叶醇、玫瑰醇等醇甜韵,有桂醇、苯乙酸异丁酯等为代表的膏甜。

(4)辛气。归类为辛气的香成分可分为四个韵气:一是偏芬芳的茴清气;二是带花香的甘甜辛气;三是辣味的辣辛气;四是带有酒腥的辛气。

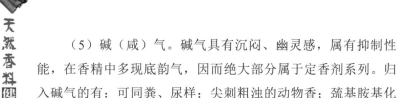

（5）碱（咸）气。碱气具有沉闷、幽灵感，属有抑制性能，在香精中多现底韵气，因而绝大部分属于定香剂系列。归入碱气的有：可同粪、尿样；尖刺粗浊的动物香；巯基胺基化合物。

图1-4-1 五气分类法

香气还可以根据K.博尔和D.加比推荐的比较实用的香气分类法来分类，如下表所示。

表1-4-1 香气分类法

序号	类型	香气特征
1	醛香	长链脂肪醛如人体气味，熨烫衣物的气息
2	动物香	麝香及粪臭素等
3	膏香	浓重的甜香型，如秘鲁香膏、可可、香荚兰、肉桂
4	樟脑香	樟脑或近似樟脑的香气
5	柑橘香	新鲜柑橘类水果的刺激性香味
6	泥土香	近似腐殖土壤或潮湿泥土气息
7	油脂香	近似动物油脂及脂肪的香味
8	花香	各类花香总称
9	果香	各类水果香气总称
10	青草香	新割草及叶子的典型香气
11	药草香	青草药的复杂香气，如鼠尾草
12	药香	像消毒剂的气味，如苯酚、苏打水、水杨酸甲酯等
13	金属香	接近金属表面的典型气味，如铜和铁
14	薄荷香	薄荷或近似薄荷香气
15	苔香	类似森林深处及海藻的香型
16	粉香	接近爽身粉的扩散性的甜香香型
17	树脂香	树脂等渗出物的芳香
18	辛香	各种辛香料香气的总称
19	蜡烛香	类似蜡烛或石蜡的香气
20	木香	木香的总称，如檀木、柏木等

2. 香气强度

香料香精的香气，在强弱程度上差别很大，香气强度不仅与气相中有香物质的蒸汽压有关，还与分子的固有性质，即分子对嗅觉上皮组织的刺激能力相关联。一般用阈值来表示香气的强弱，阈值指的是能辨别出香的种类的界限浓度。阈值与有香物质的浓度、对嗅觉的刺激能力和嗅觉的灵敏度有关，由于嗅辨者的主观因素，很难达到一个客观的定量表示。一般阈值越大，表示香物质香气越弱，反之阈值越小，表示香气越强。

可以把香气强度分为以下5个级别。

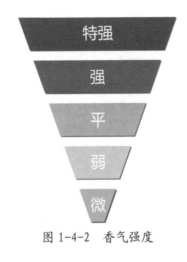

图 1-4-2　香气强度

第五节　天然香料有用吗？

答案是肯定的。当然有用！

随着生活水平的提高，天然香料的很多功效都被人们挖掘出来，天然香料的功效也非常强大，用途越来越广泛，为人们的生活增添了很多情趣。

（1）食品加香。赋予食品一定的香气，更重要的是能改善食品的风味、提高食品的品质和价值。食品工业中常常将芳香植物加工成精油、浸膏、酊剂以及油树脂的浸出物做成水溶性香料、油脂香料、乳化香料和粉末香料等。

（2）美化环境。沉香、檀香熏焚时产生出来的香气不仅芳馨优雅，对人体的健康也是很有帮助的，它可以起到提神醒脑、舒缓情绪、祛除烦恼、畅顺呼吸、辅助睡眠、调节内分泌等诸多养生保健的功效。

（3）皮肤保养。植物精油是通常被用在皮肤保养上，可以促进身体健康，增加皮肤光泽。因其特有的成分，常常对于干性皮肤、油性皮肤以及敏感性皮肤有一定的改善作用，如茶树精油、玫瑰精油、洋甘菊精油等也对于长痘、痤疮、皱纹、湿疹等一些皮肤问题可以有效解决。

（4）调节情绪。天然香料特有的香气，在与人们的嗅觉细胞结合后刺激细胞会能够有效地调节人的情绪，当人们情绪低落或者焦虑的时候可以选择嗅闻植物精油来减低这些负面情绪，同时很多精油如依兰和茉莉对于改善两性关系也是非常有效。

（5）消毒杀菌。精油独有的杀菌特性在居家生活中真是妙用。将精油用于居家清洁上是一个很不错的选择，可以用来清洁物体表面，在打扫房间的同时让室内空气清新。

（6）调整女性生殖系统。女性特殊的体质使得女性比较娇弱，但是精油的芳香护理可使女性如花绽放，茉莉、玫瑰精油等对女性的经前调整以及在生产过程中减轻疼痛、加强子宫收缩有很好的效用，同时精油的香气还能使人减轻产后抑郁。

天然香料的功效日益强大，合理利用天然香料来更好地生活、更加健康地生活，是高品质生活的必需品。

图 1-5-1　天然香料的用途

第六节　天然香料 100% 安全吗？

　　天然香料并非100%安全，纵使天然香料千般好万般妙，如果不能合理适量地使用，也会造成很多安全隐患，特别是在芳香疗法中，不少精油使用不当会带来负面效应。

　　对于精油的使用要千万小心，使用前要清楚精油的用途以及特性，科学使用才能造福生活。下面这些精油在芳疗中需特别注意：有的会使人上瘾，有的有毒，有的会导致流产，有的会引发类似癫痫的抽搐，有的会严重损伤皮肤。

表 1-6-1　常见精油芳疗的注意事项

芳疗注意事项	精　油
不能使用的精油	苦杏仁、洋茴香、樟树、苦茴香、艾草、牛至、鼠尾草、芸香、侧柏、西班牙马郁兰、苦艾、双子柏等
癫痫患者禁用的精油	甜茴香、牛膝草、迷迭香、鼠尾草等
怀孕时禁止使用的精油	罗勒、桦木、快乐鼠尾草、丝柏、天竺葵、牛膝草、茉莉、杜松、马郁兰、没药、肉豆蔻、欧薄荷、迷迭香、百里香等
怀孕初期三个月不能使用的精油	罗马洋甘菊、天竺葵、薰衣草、玫瑰等
有中毒或慢性中毒危险的精油	罗勒、大西洋雪松、肉桂叶、蓝胶尤加利、甜茴香、牛膝草、柠檬、甜橙、肉豆蔻、百里香等
刺激皮肤的精油	欧白芷、黑胡椒、肉桂叶、香茅、丁香、姜、柠檬、柠檬香茅、马鞭草、甜橙、肉豆蔻、欧薄荷等
光敏性精油	欧白芷、佛手柑、柠檬、甜橙等

　　注：①除薰衣草和茶树精油可以直接涂在皮肤上外，其他精油都必须稀释后再使用。
　　②光敏性精油，日晒前切勿使用。
　　③精油的使用一定要听从专业芳疗师的建议，否则会适得其反。

第二章

植物性天然香料

浪漫的玫瑰、温馨的薰衣草、清新的柠檬……这些熟悉的名字，熟悉的香气，几乎成为天然香料的代名词。但是，这些仅仅是众多植物性天然香料的几种。那什么是植物性天然香料？有什么化学组成？来源于何处？如何选购？……带着一连串的疑问，我们翻开这一章。

柠檬（皮）　　薄荷（叶）　　玫瑰（花）　　黑胡椒（果实）

无香精

不含矿物油

无引起过敏
的化学成分

植物性
天然香料特征

不含合成防腐剂

无合成色素

马鞭草（茎）　生姜（根）　　肉桂（树皮）　　葡萄籽（种籽）

第一节　什么是植物性天然香料？

植物性天然香料是以芳香植物的花、果、叶、枝、皮、根等含有香料的器官及树脂分泌物，或以此为原料从中提取的芳香成分的混合物。大部分天然香料属植物性香料。根据植物性天然香料的形态和制法分为精油、浸膏、辛香料、净油、香树脂、油树脂和酊剂等七类，例如玫瑰精油、茉莉浸膏、香荚兰酊、白兰香脂、吐鲁香树脂、水仙净油等，其中精油是植物性天然香料的代表。

在世界各地都有各种芳香植物的栽培和生长。如印度的檀香、中国的八角茴香、保加利亚的玫瑰、普罗旺斯的薰衣草以及斯里兰卡的肉桂等均著称于世。

焚香是自古以来重要的香料使用方式，自新石器时代持续至今，世界所有的古文明都有记载。在古代文化中，大部分是直接使用芳香植物或其树脂状产物。后来古希腊和古罗马很可能通过将花朵、根和叶浸入脂油中而制出芳香油和油膏，并将这些香料产品与东方各国进行了大量的贸易。直到阿拉伯文化的黄金时代，蒸馏精油技术开发，以及阿拉伯人率先从发酵的糖蒸馏出乙醇，从而提供了一种萃取精油的新溶剂，代替使用数千年的脂油。

植物性天然香料对人体九大系统即呼吸系统、消化系统、运动系统、神经系统、循环系统、泌尿系统、生殖系统、内分泌系统和免疫系统的某些疾病都有很不错的疗效，在日常生活中使用，可以起到净化空气、消毒、杀菌的功效，同时可以预防某些传染性疾病。

第二节　类别

根据植物性天然香料的形态和制法分为下述七类。

（1）精油。天然香料制品中最常用的形态。颜色透明澄清，具有挥发性特征芳香油状液体，通常采用水蒸气蒸馏法制取，少数采用冷榨、冷磨方法。具有易燃性和热敏性，一般不溶或微溶于水，易溶于有机溶剂，大多数精油的比重小于水。精油分单方精油和复方精油两类，单方精油是指单一的、未经调制或稀释的百分百纯精油，复方精油是将两种或两种以上的单方精油混合，各类精油之间是相互协调的，有相辅相成、增强疗效的作用。

（2）浸膏。具有特征香气的黏稠膏状液体或半固体物，有时会有结晶析出，通常采用溶剂萃取法制取。浸膏所含成分常较精油更为完全，但由于含有相当数量的植物蜡和色素，在乙醇中溶解度较小，颜色较深，导致使用上受到一定限制。常用的有茉莉花、桂花等浸膏。

（3）辛香料。从干燥的植物的种子、果实、根、树皮中提取出来的香料，例如胡椒、丁香、肉桂等。

（4）净油。在低温条件下以乙醇为溶剂萃取浸膏，再经过冷冻除蜡制成的产品。可直接用于高档香水的配制。常用的有晚香玉、茉莉等净油。

（5）香树脂。用乙醇为溶剂，萃取某种芳香植物器官的干燥物，包括由香膏、树胶、树脂等渗出物和动物的分泌物，从而获得含有香物质的浓缩物。香树脂多半呈黏稠液体，有时呈半固体，如橡苔香树脂等。

（6）油树脂。用食用挥发性溶剂萃取辛香料为原材料，制成既含香又有味的黏稠液体和半固体。多数用作食用香精，如生姜油树脂等。

（7）酊剂。以一定浓度的乙醇对天然芳香物质进行萃取，再将萃取液经适当回收溶剂制得的产品，如排草酊、枣子酊等。

香树脂　　　　　　　油树脂　　　　　　　辛香料

精油　　　　　　　　浸膏　　　　　　　　酊剂

图 2-2-1　香料的类别

23

第三节 化学组成

植物性天然香料的化学结构主要有两大类，即萜烯类及其衍生物（比例高达90%）、芳香族化合物（带有芳香环，主要是苯基丙烷衍生物）。

1. 萜烯类及其衍生物

（1）碳氢化合物。主要有单萜烯和倍半萜烯。单萜烯具有抗病毒和激励作用，倍半萜烯则具消炎和刺激免疫力的作用。单萜烯是精油中含量最多且大部分精油都含有的成分，具有化瘀血、抗病毒、消炎、杀菌、镇痛等作用。有代表性的是柑橘类精油（如甜橙、柠檬）含有柠檬烯，茶树中含有的萜品烯等。

（2）含氧化合物。包含醇类、醛类、酮类、酯类、氧化物等。醇类可杀菌、抗病毒、利尿、提供能量、赋予活力；醛类可消炎、抗病毒、镇定安神；酮类可刺激细胞生长、治疗伤口、溶解黏液；酯类可抗痉挛、营养神经，以及有益湿疹、红疹、过敏的康复；氧化物可刺激外分泌腺分泌、止咳化痰。

2. 芳香族化合物

芳香族化合物也称为苯基丙烷衍生化合物，包括丁香酚、肉桂醛、醚类、香豆素、芳香醛、芳香酮、芳香酸、芳香醇、芳香酯等。

（1）丁香酚、肉桂醛、沉香醇罗勒。醛类和酚类通过调节肾上腺素及多巴胺分泌，能使人精力充沛、充满生命活力乐趣。

（2）醚类。有强大的抗痉挛、促进胃液分泌、提升肠胃蠕动、刺激胆汁分泌以及利肝功效，可营养神经、缓解暴躁愤怒情绪、沮丧、恐惧心理，对肝胆及肠失调引起的负面情绪有疗效。

（3）香豆素。对慢性疼痛、神经紧张、睡眠有良好的效果，可缓解情绪低潮及内心畏惧。

（4）芳香醛、芳香酮、芳香酸。属亲肤性高，具有消炎、抗菌、抗痉挛、止痛的功效，尤其对慢性疼痛有效。此外，还具有轻微的催情作用，给人带来热情、安全感及乐趣。

（5）芳香醇、芳香酯。可促进人体内啡肽、血清素的分泌，对冬季忧郁症有良好的治疗效果，具有抗炎、抗菌等功效。含高比例的芳香酯精油有催情作用，比如茉莉、依兰等。玫瑰精油富含芳香醇，故能抚平伤痛，重新开启心灵交流。

第四节　进展

天然香料不仅是重要的餐饮调味品，也是香水、香精的原材料，香薰护理也随着天然香料行业的发展应运而生，越来越多的天然香料护理品被广泛使用并为消费者所喜爱。由于天然香料的安全性，被广泛应用于日化、化妆品、食品、制药、烟草等领域。

目前世界上的香料品种约有6000种，世界上香料行业发达的国家主要有美国、英国、法国、瑞士、荷兰、德国和日本。

香料被业界称为加香产品的灵魂，香料产品可以分为天然香料、天然等同香料和人工合成香料三类，由于世界范围内掀起了回归自然的热潮，使得天然香料以其安全性、芳香性和感官特性受到了消费者的喜爱，给天然香料的发展带来了机遇，天然香料产量正以每年10%～15%的速度增长。

植物精油

美容院精油 SPA

香薰

天然香料手工皂

图 2-4-1　天然香料护理品

从香料植物资源和天然香料相关的商品品种和数量上看，我国已成为天然香料的生产大国之一，在国际上占有一定的地位。我国的天然香料产地主要分布于长江以南各省区。例如广西是我国天然香料植物资源大省区，已发展成中国规模最大的香料长廊，是国际市场天然香料供应的重要地区。其中广西八角种植面积和年产量占全国总量的85%以上，肉桂种植面积和桂品(含桂皮、桂油)产量占全国总量的50%以上，柠檬桉、樟树、山苍子等香料植物的数量也非常可观。另外，云南香料香精的总产量居全国第4位，天然香料产量占全国的50%以上，已成为我国主要的天然香料基地。云南省对外出口的天然香料中，桉叶油占全球市场份额95%，香叶油和香茅油销量占全球市场份额50%，其中有大部分香料是世界顶级化妆品的原材料。

第五节 来源与产地

我国是植物性天然香料的资源大国，香料植物遍布大江南北，主要集中分布在长江以南地区，其中云南、湖北、湖南、贵州、四川、福建、广西、广东、海南等地产量最大，因为这些地域有着湿润的气候和广阔的适宜种植天然香料的山地与丘陵。据不完全统计，目前我国发现的有研究价值的香料植物种类有60多科400多种，其中有100多种天然香料批量生产。一般出口的香料植物有八角茴香（八角茴香油产量占世界总产量的80%）和中国桂皮（中国肉桂油产量占世界总产量的90%），主要分布于广东、广西、福建南部和华南各省区；中国薄荷脑及薄荷素油闻名世界，主要来源于河南、江苏、安徽、江西等地区；山苍子油主要产于江西、湖北、湖南、广西等省区；名贵的桂花香料主要来自四川、贵州、湖南、浙江等地区；柏木油主要产于四川、贵州、浙江等省；柑橘、甜橙、香橙、柚、柠檬等主要盛产于四川与湖北；香荚兰、丁香、肉豆蔻、胡椒等热带香料植物主要种植于海南和云南的西双版纳地区。我国盛产的天然香料还有香茅油、姜油、樟脑、桉叶油、留兰香油、芫荽、小茴香等。

公认品质较好的植物性天然香料产地有：阿尔及利亚的天竺葵；埃及的茉莉；澳洲的茶树、尤加利；巴拉圭的回青橙；巴西的葡萄柚；保加利亚的玫瑰；德国的洋甘菊；法国的薰衣草、茉莉、玫瑰、迷迭香、百里香；菲律宾的依兰；美国的葡萄柚、柠檬、橙、薄荷；葡萄牙的橙花；斯里兰卡的肉桂；土耳其的玫瑰；西班牙的尤加利；牙买加的姜；伊朗的没药；意大利的佛手柑；英国的薰衣草、薄荷、鼠尾草；印度的檀香（东印度）、柠檬草（西印度群岛）；中国的广藿香、香茅、肉桂、茉莉、八角茴香。

常见植物性天然香料的全球分布图和产地图示

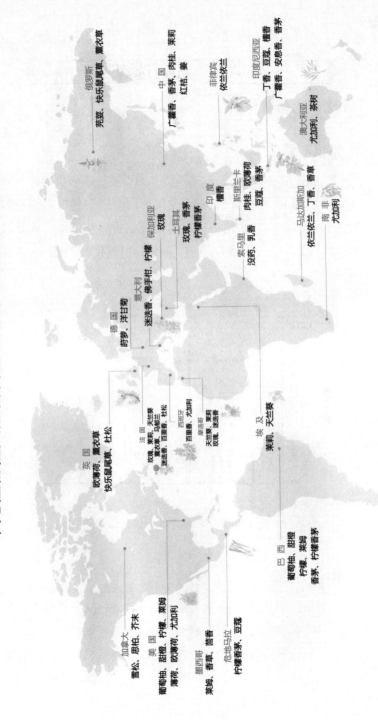

俄罗斯
劳亚、快乐鼠尾草、薰衣草

中国
广藿香、香茅、肉桂、茉莉
红桔、姜

菲律宾
依兰依兰

印度尼西亚
丁香、豆蔻、檀香
广藿香、安息香、香茅

澳大利亚
尤加利、茶树

印 度
檀香

斯里兰卡
肉桂、欧薄荷
豆蔻、香茅

马达加斯加
依兰依兰、丁香、香草

南 非
尤加利

保加利亚
玫瑰

土耳其
玫瑰、香茅
柠檬香茅

索马里
没药、乳香

意大利
迷迭香、佛手柑、柠檬

德 国
莳萝、洋甘菊

法 国
玫瑰、天竺葵
薰衣草、马鞭草
迷迭香、百里香、杜松

西班牙
百里香、尤加利

葡萄牙
天竺葵、茉莉
玫瑰、迷迭香

埃 及
天竺葵

英 国
欧薄荷、薰衣草
快乐鼠尾草、杜松

巴 西
葡萄柚、甜橙
柠檬、莱姆
香茅、柠檬香茅

加拿大
雪松、思柏、芥末

美 国
葡萄柚、甜橙、柠檬、莱姆
薄荷、欧薄荷、尤加利

墨西哥
莱姆、香草、菖蒲

危地马拉
柠檬香茅、豆蔻

29

第六节　如何选购？

1. 指纹谱图

气相色谱-质谱联用（GC-MS）利用被检测的植物性天然香料中各个成分的活跃度和挥发度不同，从而精准得到植物性天然香料中的各个组分。植物性天然香料色谱图就像是其DNA，就如同人体的DNA数据，是目前辨别植物性天然香料品质最科学的方法。

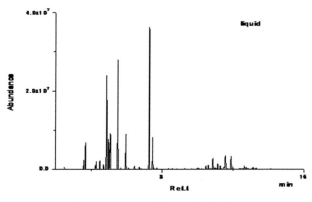

图 2-6-1　茶树精油气相色谱图

2. 试用、试闻

纯精油的分子量小，涂在皮肤上能迅速渗透，易吸收，使皮肤不会感觉油腻。基础油则较油腻，有些不法商家会在纯精油里面加基础油稀释，因此购买植物性天然香料时一定要看是否有油腻感。

　　纯天然的植物精油，味道闻起来温和、不刺鼻，添加了人工合成的化学成分的植物性天然香料闻起来有刺激的廉价香水的味道，或有不适的感觉。

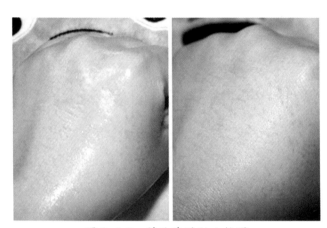

图 2-6-2　精油渗透性比较图

3. 辨别颜色

　　辨别植物性天然香料颜色是一个很直观的方法，大多数植物性天然香料都是无色透明液体，部分植物性天然香料是有颜色的。例如纯正的洋甘菊精油是神秘的深蓝色，柠檬精油则是淡黄色或绿色，玫瑰精油是淡黄或者深黄，甜橙精油略显金黄色。然而不管是无色或者有颜色的精油，看起来都应该是澄清的。浑浊的、含有杂质的为劣质精油，对人体有害。

图 2-6-3　柠檬精油与洋甘菊精油的颜色

4. 价钱

　　植物性天然香料的价格由于提取途径不同，所以价格相差也很大，从几十元到上万元不等。如玫瑰精油是从花瓣中提取，5公斤的玫瑰花瓣才能提取1滴100%的玫瑰精油，因此玫瑰精油的价格是非常昂贵的，市面上几十块钱甚至几块钱的10毫升精油，要么是化学香精，要么是用基础油稀释过的非纯正精油。

5. 包装

　　植物性天然香料的浓度很高，分子量小，具有很强的挥发性和穿透力，最安全的盛装材料是深色的玻璃和铝制容器。市面上经常见到一些单方精油竟用带橡胶材质的滴管，如果瓶内是纯精油，则在60日以内，橡胶滴管会被腐蚀，从而污染精油。

精油的包装

精油通常会保存在深色密闭小玻璃瓶里，有特殊的耐强酸、强碱的瓶盖，防止日光及氧气渗入，这样精油才不易挥发、变质，保存期通常为2-3年。

行业规定纯精油须有100% Pure Essential Oil的标示，如非纯精油需要标示明确的纯度。

专业纯精油需要在外包装上清晰标明其拉丁学名，指明其植物种属，让人一目了然。

包装说明书内需要有明确的原料产地，说明精油提纯植物的来源。

图 2-6-4 精油的包装图

第三章

动物性天然香料

动物大多嗅觉灵敏，它们将分泌物涂抹于生活区域，在同种之间彼此识别、划定地盘、求偶……从动物体内分泌物中获得的芳香物质，具有强烈持久的气味，形成了天然动物香料独特的芳香，同时也是具有一定疗效的珍贵中草药。常见动物性香料有五种：麝香、灵猫香、海狸香、龙涎香、麝鼠香。

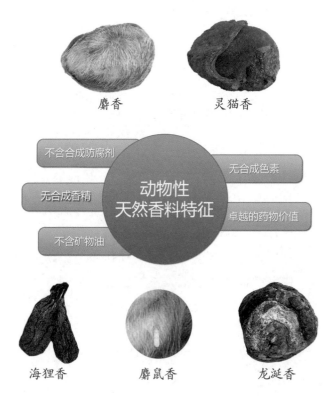

麝香　　　灵猫香

动物性
天然香料特征

不含合成防腐剂

无合成香精

不含矿物油

无合成色素

卓越的药物价值

海狸香　　　麝鼠香　　　龙涎香

第一节　常见的动物性天然香料种类

1. 麝香

麝香被视为最珍贵的香料之一，不但具有温暖特殊的动物香气，而且在香精中具有甚强的保留其他香气的能力，常被用作高级香水香精的定香剂。此外，天然麝香也是名贵的中药材。

（1）来源。麝香取自于雄性麝科动物的生殖腺分泌物。麝可分为原麝、林麝、马麝、黑麝、喜马拉雅麝，麝也称香

图 3-1-1　麝鹿

獐，原麝生活于东北大兴安岭、小兴安岭及长白山地区，林麝一般生活于四川、陕西、甘肃一带，海拔为3000米的针叶林区；马麝生活于青藏高原。2岁的雄麝鹿开始分泌麝香，10岁左右为最佳分泌期，每只麝鹿可分泌50克左右。

（2）采集。位于麝鹿脐部的麝香香囊呈梨形或圆锥形。自阴囊分泌的成分储积于此，随时自中央小孔排泄于体外。传统的方法是杀麝取香，切取香囊经干燥而得。现代的科学方法是活麝刮香。国内饲养麝鹿刮香已取得成功，取香后麝鹿生长正常，并能继续分泌麝香，这对野生资源的保护具有很大意义。

（3）性状。割开经干燥后的麝香香囊，取出的麝香呈棕褐色或黄棕色粉粒，品质优者有时析出白色结晶。固态时具有强烈的恶臭，用水或酒精高度稀释后有独特的动物香气。

（4）成分。褐色的麝香粉末，大部分为动物树脂及色素等所构成，其主要芳香成分是仅占2%左右的饱和大环酮——麝香酮。此外含有其他成分：甾族化合物如睾丸酮、雌二醇、胆甾醇等，多种氨基酸如天门冬氨酸、丝氨酸，以及无机盐和其他成分如尿囊素、蛋白激酶活剂等。

（5）用途。麝香特殊的香气，卓越的定香保香功效，常作为高级香水香精的定香剂。除作为香料应用外，麝香性辛、温，无毒，味苦，入心、脾、肝经，有开窍、辟秽、通络、散瘀之功能。主治痰厥、中风、惊痫、跌打损伤、痈疽肿毒、中恶烦闷、心腹暴痛，因而也是名贵的中药材。

2. 灵猫香

灵猫香，灵猫香腺囊中的分泌物。灵猫的品种较多，但可供取香的主要有大灵猫、小灵猫和非洲灵猫。具有高贵、细腻

图 3-1-2　大灵猫

的动物香气的灵猫香是香料工业中一种不可或缺的珍品。

（1）来源。大灵猫和小灵猫产地我国秦岭、长江流域以南、西藏，外国的话还有印度、菲律宾、缅甸、马来西亚、埃塞俄比亚等地。非洲灵猫主要产于埃塞俄比亚、几内亚和塞内加尔等国。灵猫全是小型和中型食肉动物，体长40～80厘米不等，主要栖息在热带和亚热带的森林或草丛中，以小型动物或昆虫为食，也吃植物的果实和根。雄雌灵猫的香腺位于肛门及生殖器之间，采取香腺分泌的黏稠物质，即为灵猫香。

（2）采集。古老的采取方法与麝香取香类似，捕杀灵猫割下2个香囊，刮出灵猫香密闭储存。现代方法是饲养灵猫，采取活猫定期刮香的方法，用小勺插入会阴部的香囊中，刮出浓厚的液体分泌物，即灵猫香。每隔2～3日取一次，每次可得5克左右。

（3）性状。新鲜的灵猫香为淡黄色黏稠液，久置则凝成褐色膏状物。不溶于水，部分溶于酒精。灵猫香浓度高时具有令人不愉快的恶臭，稀释后则放出怡人的香气。

（4）成分。灵猫香中大部分为动物性黏液质、动物性树脂及色素。其主要成分为多种大分子环酮及相对应的醇和酯。如含量为2%～3%的灵猫香酮，便含有乙胺、丙胺及几种未详的游离酸等。

（5）用途。灵猫香香气优雅、细腻，常作高级香水香精的定香剂。灵猫香还是名贵中药材，味辛、性温，具有抗炎、镇痛、醒脑的功效。

3. 海狸香

海狸这个名字不是很符合的，因为海狸并不是生活在海边，而是生活在河边，因此也叫河狸。但是香料界仍在使用"海狸香"这个名称。

（1）来源。世界上的河狸有欧亚河狸和美洲河狸两种，主要产地为俄罗斯西伯利亚和加拿大、阿根廷等地，我国黑龙

图 3-1-3 河狸

江、贵州已引种喂养。不论雌雄河狸，在生殖器附近均有一对梨形的腺囊，内藏白色乳状黏稠液，即为海狸香。

（2）采集。捕捉河狸后，切取香囊，经干燥后取出海狸香封存于瓶中。

（3）性状。新鲜的海狸香为乳白色黏稠物，经干燥后为褐色树脂状。带有强烈的动物腥臭味，经稀释后则具有温和的动物香香韵，调香时可以增加香精的"鲜"香气，在这五种天然动物香中价位最低。

（4）成分。如同麝香和灵猫香一样，海狸香也含有大量动物性树脂。除含有微量的水杨苷、苯甲酸、苯甲醇、对乙基苯酚外，其主要成分为含量4%～5%的结构尚不明的结晶性海狸香素。

（5）用途。海狸香是一种名贵的定香剂。味微苦稍涩，作为中草药，具有通窍活络、镇惊止痛、清热解毒的功效。常用于四肢麻木，手足抽搐，小儿惊风，目赤肿痛。

4. 麝鼠香

麝鼠是适应性较强的啮齿类动物，麝鼠香的香气非常接近麝香，含有与天然麝香相同的麝香酮、降麝香酮、烷酮等主要成分，麝鼠香价格相对便宜，经常作为麝香的替代品使用。

（1）来源。麝鼠原产于北美洲，在我国东北、新疆等地饲养。体形肥胖，体长约20～30厘米，重1～1.5千克，生活在淡水或咸水沼泽、河湖中。

（2）采集。雄性麝鼠在腹部后面有一对香囊。通过人工饲养麝鼠，活体刮香，每只雄鼠取香期年可活体取香10～15克。

（3）性状。新鲜的麝鼠香是淡黄色有令人不愉快臭味的

图 3-1-4　麝鼠

黏稠物，稀释后释放出非凡的香气，久置颜色变深。

（4）成分。人们通过对麝鼠香进行分析发现，它的芳香成分和麝香的成分十分接近，主要以麝香酮、9-烯环十七酮、环十五酮、环十七酮等大环化合物为主，所以它的香气接近麝香。

（5）用途。麝鼠香的香气成分同麝香非常接近，不仅用作香精的定香剂，还应用在中草药中，国家已明令林麝所产麝香不准入药，而具有抗炎耐缺氧、降血压、消炎、抗应敏、雄性激素等作用的麝鼠香则是天然麝香理想的替代品。

5. 龙涎香

龙涎香来自海洋动物抹香鲸。抹香鲸是最大的齿鲸，以具有巨大的方形头部为特征，身长可达20米，能深潜到1000米的水下。龙涎香也是名贵药材，还有防腐的作用。

（1）来源。龙涎香产自抹香鲸的肠内。由于抹香鲸未能消化鱿鱼、章鱼骨，会在肠道内与分泌物结成固体后排出，或者是鲸死后其尸体腐烂而掉落水中，经过阳光、空气、海水长时间的作用后变硬，褪色而成。

（2）性状。龙涎香为灰色或褐色的蜡状胶块物质。可溶解于纯酸中，并有黄绿色荧光现象。本身并无太大味道，燃烧后气味芳香四溢，香气高雅幽香。

（3）成分。龙涎香是由衍生的聚萜烯类物质构成的，约含25%的龙涎香醇是龙涎香气的主要成分。在龙涎香中除已查明含有少量的苯甲酸、琥珀酸、磷酸钙、碳酸钙外，还含有有机氧化物、酮、羟醛和胆固醇等有机化合物。

（4）用途。龙涎香具有微弱的温和乳香动物香气，且香气持久，在上述五种动物香料中最为高贵，是配制高级香水香精的佳品，是最名贵的定香剂。作为中草药，其味带甘酸，开窍化痰，活血利气。主治神昏气闷、心腹诸痛、消散症结、咳喘气逆。

图 3-1-5　抹香鲸

第二节　微生物天然香料

　　自古以来，人们已在无意识的情况下利用微生物酿制一些风味食品，如各种酒类、酱、醋和面包等发酵类食品。到19世纪末20世纪初，人们才开始认识发酵食品的典型香味与发酵微生物之间的关系，香味物质乃是微生物生长过程合成的一些代谢产物。已知有多种微生物，包括细菌、霉菌和酵母，都可以利用基本的营养物质通过全程合成包括醇类、酯类、萜基类、

图 3-2-1　乳酸菌及其常见风味食品

酸类、羟基化合物等不同类别的香味化合物。利用微生物发酵生产出香料化合物，已经被欧洲和美国FDA定为"天然的"，如微生物发酵法是目前制备天然的香兰素的最佳方法，法国的罗地亚公司和上海爱普香料公司已经取得了良好的转化率，可以用于商业生产。一份美国专利提出将麝香草酚通过微生物的作用氢化生产四种异构的薄荷醇。发酵乳品里重要的香味化合物丁二酮，可以通过乳品里的柠檬酸盐发酵降解脱羧生产。

生物法制备的天然香料已经在食品、化妆品、医药等领域得到了广泛应用。

第四章

提取与纯化

天然香料的分离提纯技术由来已久，早在公元 8 ～ 10 世纪，人们就已经知道利用蒸馏法从植物中分离天然香料。随后又出现溶剂浸提法、榨取法等更简单而高效的提取方法。随着科技的不断发展，也出现一系列新型的提取技术，如超声波提取法、微波提取法、超临界二氧化碳萃取法、分子蒸馏法等。这些新型提取方法进一步扩大了人们对天然香料的认识和应用范围。

天然香料
健康图典

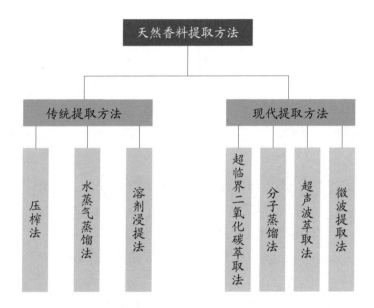

```
          ┌─────────────────┐
          │  天然香料提取方法  │
          └─────────────────┘
                   │
        ┌──────────┴──────────┐
   ┌─────────┐           ┌─────────┐
   │ 传统提取方法 │           │ 现代提取方法 │
   └─────────┘           └─────────┘
     │   │   │           │   │   │   │
   压  水  溶           超  分  超  微
   榨  蒸  剂           临  子  声  波
   法  气  浸           界  蒸  波  提
       蒸  提           二  馏  萃  取
       馏  法           氧  法  取  法
       法               化       法
                        碳
                        萃
                        取
                        法
```

第一节 传统提取方法

1. 压榨法

通常采用机械压榨法将鲜橘皮或柠檬皮中的天然香料从组织中挤压出来。此方法最大的优点在于生产是在室温下进行，这样可以确保其中的菇烯类化合物保持其原有状态，从而确保提取物的质量，而且无需使用有机溶剂，设备简单，但压榨所得产品为一系列混合物，提取效率较低，需要进一步精制。

图 4-1-1　压榨提取装置

2. 水蒸气蒸馏法

水蒸气蒸馏法是指将含挥发性天然香料的植物原料粉碎后，浸泡湿润，直接加热蒸馏或者通入水蒸气蒸馏，使挥发性成分随水蒸气蒸馏带出，经冷凝后收集馏出液而获得。适用于具有挥发性的，能随水蒸气蒸馏而不被破坏，与水不发生反应，且难溶或不溶于水的成分的提取，因此绝大多数芳香植物均可以用水蒸气蒸馏方法提取精油。水蒸气蒸馏是最常用的一种技术，该方法特点是设备简单、容易操作、成本低、产量大。

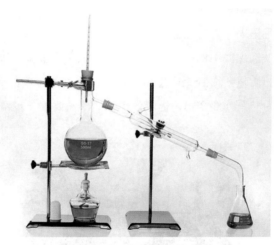

图 4-1-2　水蒸气蒸馏装置

3. 溶剂浸提法

溶剂浸提法是用挥发性的有机溶剂将植物原料中的芳香成分浸取出来，使之溶解到有机溶剂中，然后蒸发除去溶剂。其特点是浸取过程可以在不加热、低温下进行，除了挥发性组分外，还可以提取其中重要的、较难挥发的成分，因此多用于鲜

图 4-1-3　溶剂浸提装置

花、树脂以及香豆、枣子等的浸提加工。

影响浸提效果的因素有：浸提剂的种类、浸提温度、浸提时间、浸提次数等。选择正确的浸提剂尤为重要，不仅要考虑天然原料成分和产品质量要求，并按"相似相溶"原则选择最适宜的溶剂，而且要考虑所选溶剂必须无高沸点残留物。

第二节　现代提取方法

1. 微波提取法

微波萃取是指利用微波能够强化溶剂萃取的效率，即利用微波通过萃取剂更好进入提取植物内部，加热，使细胞破裂，将所需化合物从样品基体中分离，进入溶剂中。该法克服

图 4-2-1　微波提取装置

了传统提取方法中存在提取周期长、工序多和被提取成分损失大、提取率不高、溶剂消耗大、环境污染严重等缺点。

2. 超声波萃取法

超声提取技术是利用超声波具有的机械效应、空化效应和热效应，通过增大介质分子的运动速度、增大介质的穿透力以促进有效成分的提取。超声波提取法具有提取时间短、产率高、条件温和等优点。

图 4-2-2　超声波萃取

3. 超临界二氧化碳萃取法

超临界二氧化碳萃取法是利用超临界二氧化碳对某些特殊天然产物具有特殊溶解作用，利用超临界二氧化碳的溶解能力与其密度之间存在特定关系，通过控制压力和温度对超临界二氧化碳的密度施加影响，进而实现对天然香料的选择性萃取。其原理是通过分子间的相互作用和扩散来溶解萃取物质，在高于临界点的区域内通过很小的压力变化而引起密度变化，选择性地把极性大小、沸点高低和分子量大小的成分依次进行抽提萃取。最后超临界二氧化碳流体不断汽化变成普通气体，析出萃取物。其特点是操作温度较低，能完全保留热敏性物质的天然活性，具有天然、无毒、无残留和萃取效率高、传质快的特点。

图 4-2-3　超临界二氧化碳

4. 分子蒸馏法

分子蒸馏是一种在高真空下操作的蒸馏方法，其原理是在一定温度、压力下，液体混合物沿加热板流动并加热，轻、重气体分子逸出液相进入气相，利用轻、重分子的平均自由程的

图 4-2-4　分子蒸馏法

差别，恰当地设置一块冷凝板，使得轻分子达到冷凝板被冷凝排出，而重分子达不到冷凝板沿混合液排出，从而实现物质的分离。

　　分子蒸馏是一种在高真空度条件下进行的新型分离提纯技术，其可用于高沸点及热敏性物料的液液分离。这种分离提纯技术具有操作温度低、真空度高、受热时间短、分离程度及产品收率高的特点。

第五章

性质和检测

天然香料具有哪些化学和物理性质呢？这些性质又是如何检测的呢？市面上出售的天然香料质量参差不齐，并且天然香料和合成香料具有如此相似的香气，我们又该如何进行分析鉴别天然香料的质量和天然性呢？天然香料如此珍贵，在保存方法方面又有哪些特别之处呢？本章将为您一一揭示。

第一节　物理性质

动物性天然香料多数呈颜色较深的固态状。比如龙涎香为灰色或褐色的蜡样块状物质；新鲜的灵猫香为淡黄色流动物质，历久凝成褐色膏状物；新鲜的海狸香为乳白色黏稠物，经干燥后为褐色树脂状。植物性天然香料多数呈油状或膏状，少数呈树脂或半固态。大部分的天然香料不溶于水，有些则较易溶于乙醇中，并且多数具有亲油性，可以溶解于植物油中，也可以溶解于蜡中（例如溶解的蜂蜡）。

大多数动物性天然香料是高沸点难挥发性物质，香气强烈，扩散力强且持久，在调香中常作为定香剂。比如龙涎香，在高档的名牌香水中，大多含有龙涎香。而多数花香或柑橘类植物性天然香料则相反，是低沸点极易挥发的物质。精油是植物性天然香料的代表，其最显著的物理性质就是它的高挥发性，若将它暴露于空气中，则会很快地蒸发掉。以香气味阶来区分，一般判断的方式是，将精油滴入基础油中敞开式置于室温下，香气持续24小时为挥发速度较快的精油属前味，72小时是中味，1个星期以上为后味。一般而言，前味香气较刺激、令人感到振奋，比如薄荷精油；中味令人感到平衡和谐，薰衣草精油就是一种；后味则像檀香精油，给人一种沉稳的感觉，适合冥想沉思时使用。

比起其他天然香料，精油另一个重要特性是其具有高渗透性，精油的构成分子非常细致，特别容易被人体吸收利用。它以活跃的分子形态渗透皮肤深层组织，由淋巴腺吸收，经血液传输至各部位。

表 5-1-1　茉莉精油与其他护肤产品渗透性的比较

成分	渗透所需时间	吸收率（%）	敏感测试（500 例）
茉莉精油	30 ~ 60 秒	90	0 例
中草药	10 分钟	15	10 例
传统化学护肤产品	25 分钟	7	102 例

第二节　化学性质

天然香料的化学组成研究表明，香料所含化学成分相当复杂，大部分含有上百种物质，主要有芳香族和萜类化合物以及它们的含氧衍生物，如醇、醛、酮、酸、醚、酯、内酯等。这些不同香气分子的组合，就形成了各类天然香料独特的气味和疗效。因此，植物香料不仅可用于香薰作用，还可以应付多种不同的问题。例如薰衣草精油具有抗菌、防腐、止痛、抗沮丧、抗充血以及镇静的作用。

表 5-2-1　部分植物性天然香料化学成分与功效

成分	功效	植物名称（举例）
单萜烯	使平息、止痛、防腐	葡萄柚、桔、苦橙、柠檬、欧洲冷杉、欧洲赤松、黑云杉、杜松浆果、高低杜松、丝柏、欧柏芷根
倍半萜烯	降血压、抗发炎、镇静、轻微缓解镇痛	西洋蓍草、德国洋甘菊、没药、姜、缬草、香水树、雪松
醇	抗传染、防腐、抗过滤性病毒、有兴奋性效果	花梨木、芳樟、芫荽、百里香、蜂香薄荷、玫瑰草、天竺葵、大马士革玫瑰、橙花、茶树、罗勒
酚	防腐、防传染、提升免疫力、刺激神经使人更加专注	肉桂、丁香、百里香、薄荷
醛	抗病毒性、抗发炎、降血压、滋补神经平静身心症状	马鞭草、柠檬香茅、尤加利、柠檬、香蜂草
酮	有助愈合、分解脂肪、溶解黏液、镇静安抚	迷迭香、鼠尾草、松红梅、永久花、大西洋雪松、桂花、尤加利
酯	抗真菌、抗发炎、防止痉挛、有助愈合	罗马洋甘菊、快乐鼠尾草、苦橙叶、佛手柑、薰衣草
氧化物	可祛痰、气管扩张剂	尤加利、绿花白千层、白豆蔻
酸	消炎、抗痉挛、减压	胡萝卜籽、玫瑰、天竺葵、香蜂草、依兰
内酯	能抗热，但不能抵御紫外线的伤害	柑橘果类

第三节　如何检测？

天然香料的质量和应用性能的好坏可以通过理化性质的测定来判断。常规的理化性质分析可大致判断天然香料的品质，以薰衣草精油为例，一般以比重较低、溶解度好、左旋光度大、酸值小、酯值高的薰衣草精油品质为优。

然而，天然香料的化学成分相当复杂，其中许多微量成分更是难以测量；甚至有些结构过于相似，以致无法将它们区别开来。若要对天然香料中各种成分及其含量做准确的分析，并确定天然香料是否掺杂了其他成分，就需要采用精密仪器进行精确分析。现代用于天然香料的分析方法包括气相色谱与质谱

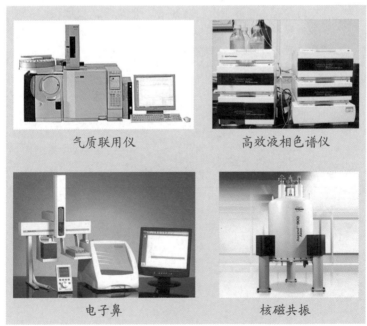

图 5-3-1　常用香料检测设备

分析联用技术、高效液相色谱分析、核磁共振、同位素质谱技术与电子鼻技术等。气相色谱与质谱分析联用技术是天然香料成分鉴定最先进也是最可靠的方法之一，通过该方法可以检测香料的纯度、成分以及各种成分含量。色谱分析得到的结果就形成香料的指纹图谱数据，通过这些数据可以清晰地得到各种香料成分的含量，科学且有效地判断香料的品质。

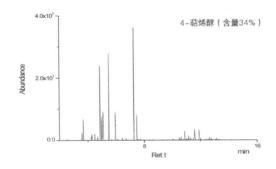

图 5-3-2　茶树精油气相成分的 GC-MS 总离子流图

第四节　天然性和质量评价

天然香料是从动物或植物的泌香部位或分泌物中提取出来的，没有经过添加或人工合成的过程。而人工合成化学香料则是从实验室或是工业原料制造出来的，是模拟天然香料气味，利用石油基原料等合成的化学物质。

合成香料与天然香料相比，虽然香味相似，甚至香气更浓，但就香味品质及安神养生、启迪心灵的功能而言，两者却不可同日而语，合成香料无法发挥天然香料保健芳疗作用。很多天然香料被列为上品药材，而作为化学产品的合成香料虽初闻也芳香四溢，但由于会带入少许未知的化学物质和缺乏少量有益的物质，多用会有害健康。而且，单就气味而言，合成香料也只是接近而远远不能与天然香料相媲美。

要判断香料的天然纯正与可信度，最直接可靠的方法就是了解它的来源。比如精油，通过溯源得知植物的产地、提取生产、销售的过程及公司，便能从源头上确保精油的天然性。此外，可以将手上的香料与可靠的制造商所生产的天然香料通过实验室中的分析技术做彻底的比较以判断香料的天然性。

香料的质量与人们的身体健康关系极大。使用香料前，需要确定香料质量是否已变质。天然香料的质量评价简单的方式是可以通过感官检验，如香气、香味和外观的鉴定。较客观的质量评价需要经过物理、化学参数测定。为了确保香料的质量，有时还要做卫生指标检验，如重金属的含量测定。直接的光照射和温度都会影响天然香料质量。

图 5-4-1　天然香料和化学合成香料

第五节 如何保存?

精油应保存于深色、密封性良好的玻璃瓶中，远离光源、热源及潮湿，放至阴凉通风处，避免事故发生，如着火（部分精油是易燃的）。

未开封的单方精油保存期可长达3～10年，有些甚至能使用10～20年。如檀香、乳香、广藿香，就与好酒一样，保存时间越长，气味越香，但是要注意氧化问题，一定要保证密封。

误食精油可能会致命，一定要放在儿童接触不到的地方。精油宜放在木质盒里保存，因为木材属性与精油相似，可以将精油香气保存得更好。

保存精油木盒子

保存精油的深色玻璃瓶

远离火源、热源

远离儿童

图 5-5-1 精油的保存方法

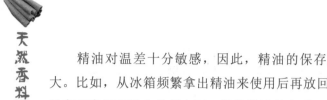

　　精油对温差十分敏感，因此，精油的保存应避免温差太大。比如，从冰箱频繁拿出精油来使用后再放回去，会让精油处在温度很不稳定的状态下，促使精油易变质。

　　已开封的精油于1年内用完，若调配成复方精油，于2个月内用完最佳，切莫在没用完的复方油瓶中加入新的调油。

　　瓶口必须直立向上。

第六章

使用

　　精油是植物性天然香料的代表。本章以精油为例，介绍天然香料的常见使用方法。

第一节　精油类如何使用？

1. 吸入法

吸入法是植物性天然香料进入人体最直接、最简单的方法，也是最常用最有效的使用方法。吸入法可以分以下两种：

（1）简单吸入法。这种方法方便、易行。简单吸入法具体操作是将精油滴在手帕或者纸巾上，也可以直接打开精油瓶盖或者利用精油吊坠等，然后用鼻子轻轻的吸闻。此方法对缓解头痛、失眠、呼吸道感染等症状最为有效。

（2）蒸汽吸入法。将接近沸腾的热水注入瓷质的或玻璃的洗脸盆、杯子中，按照约100毫升水中滴入2～4滴精油的比例。以大浴巾或者衣服盖住后脑，俯身于蒸汽上方，以口、鼻交替深呼吸，持续约5～10分钟。这是辅助治疗感冒及呼吸道感染最速效的方法。

图 6-1-1　简单吸入法

图 6-1-2　蒸汽吸入法

2. 熏香法

香薰灯法是精油使用法中最经典且历久弥新的方式。随着科技的发展，香薰灯也在不断升级，香薰灯有很多种类型。

（1）蜡烛香薰灯。购买熏香专用无烟蜡烛作为热源，否则蜡烛的烟味和蜡味会破坏精油原有的香气。使用前在香薰灯上盛水处加入适量的净水，滴入6～7滴精油，然后点燃灯座下面的蜡烛，精油会随着水蒸气飘散开来，慢慢充满每一个角落。

（2）电加热式香薰灯。电加热式香薰灯一般是小夜灯的形式。在熏蒸台内加入适当的水，在水中滴入约6滴精油，然后插电使用。此方法为无火香薰，没有蜡烛的气味和烟，不过易烧干，需要注意控制好时间。

无论是蜡烛还是电力，都必须注意香薰灯的防火安全，避免上方的水烧干。

（3）超声波香薰仪。超声波香薰仪，比前两种香薰灯更安全，更容易操作。在盛水器中加水至刻度线，一般最大加水量是100毫升，滴入5滴精油，然后接通电源。香薰仪是通过超声波震荡来使精油飘散，使用时间长了以后会发热，则会自动休息，若水烧干了会自动停止。这种方法更加安全科学。

蜡烛香薰灯　　　　　电加热式香薰灯　　　　超声波香薰仪

图 6-1-3　香薰灯常见款式

3. 喷洒法

　　在喷雾瓶中加入100毫升蒸馏水，然后滴入3～6滴精油（可以加入1～3种精油），摇晃均匀，使水和精油充分混匀，可以喷洒在床上、衣服上、家具上、宠物的身上、书橱上、地毯上等家中的每一个角落（避开光亮的家具表面和丝绒物），起到消毒除臭、改善生活环境的作用。也可以喷洒在人的皮肤上。

图 6-1-4　精油喷洒法图示

4. 按敷法

可对面部和身体部位进行按敷。面部按敷时，将4～6滴精油加入1升净水中，均匀搅动后，浸入一块毛巾，将毛巾拧干，敷于面部，并用双手轻轻按压毛巾，使水中的精华油能尽量渗入皮肤内，重复上述步骤5～10次。身体部位按敷时，200毫升水中加入5滴精油。

使用冷水则为冷敷，冷敷有镇定、安抚、缓解痛症的效果。使用热水则为热敷，热敷有利于促进血液循环、排解毒素或增加皮肤的渗透性。

图 6-1-5　精油按敷法图示

5. 按摩法

按摩法可加强血液循环，排除体内毒素。不同的精油具有不同的疗效，建议在专业人士指导下使用。

按摩用油可以这样调配：在3～4毫升基础油中滴入2～3滴单方精油（可以是2～3种）。最好的按摩时机是在刚洗完澡时，趁着身体微湿效果最好。按摩时，力道可视需要而不同：较快较重的按摩如搓揉、拍击，可提振精神；而轻柔的抚触、按压，则可消除疲劳或促进睡眠。

保健按摩通常可作脸部、头部、颈肩部或身体按摩。按摩一般从背部做起，两手放在臀部上方的脊椎骨两侧，手掌朝下，沿椎骨两侧向肩膀移动，到颈部时，双手向外，一面按摩两肋，一面按摩肩膀，再回到起点。按摩时必须一气呵成，中途切勿停止。

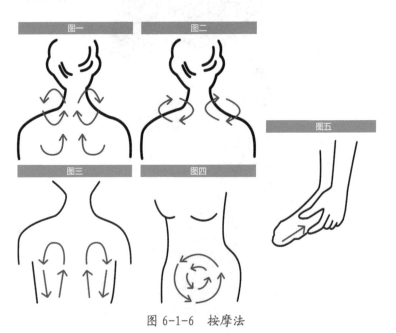

图 6-1-6　按摩法

可依个人的需要，配合体质与生理的变化来调整基础油、纯植物精油的种类与比例，调配出适当的按摩油，利用按摩的手法（指压、淋巴引流等），将植物精油渗透至身体内部，达到保健或治疗的目的。

6. 涂抹法

精油在护肤上有良好的效果，正确使用精油涂抹脸上，可使效果更加明显：在手掌中倒入2～3滴调好的按摩精油，从下至上在脸上涂抹；而额头处则是以由内而外的方式涂抹；从额头到太阳穴位置方向以画螺旋纹方式用指腹按摩；在两眼周围用指腹以点的方式轻柔按压；用四指指腹以螺旋纹的方式，从下往上按摩脸颊；用四指指腹从下往上推，按摩下巴。

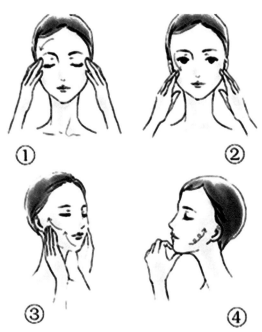

① ② ③ ④

图 6-1-7　脸部涂抹法

7. 含漱法

将2～3滴精油滴入一杯水中搅匀，漱喉10秒钟，然后吐出，重复至整杯水用完，每天香薰漱口，可保持口气清新，保护牙齿，减少喉炎。常用精油：茶树、薰衣草、薄荷。牙痛时，把肉桂精油1滴，不需稀释，直接用棉签点在牙痛部位，即可缓解牙痛。

8. 沐浴法

全身浴，浴缸放满温水，滴8～10滴精油，先胸部以下浸入水中5分钟左右，等到全身温暖适应水温后，将身体下降，到肩膀部位。如果觉得身体受不了，呼吸困难或心跳加快，可先坐起休息好，再继续全身浴。

感冒时，可以用这种方法，选择薰衣草、尤加利等抗菌消炎的精油进行浸泡，15分钟左右会觉得很轻松，但出来后一定要注意保暖。

半身浴，是指下半身的沐浴。泡浴的部分主要是肚脐以下部位，这种精油沐浴法比起前面的全身浴来说，不会产生心跳加速或是呼吸困难的问题，在上半身避免着凉的前提下半身沐浴30分钟，能够起到改善心脏、体寒的问题以及能够增强血管弹性。

水温控制在38摄氏度比较适宜，如果上身裸露要隔段时间就冲冲热水，以防感冒。

手浴，手部精油沐浴法，主要指手腕以下部位。手浴不是简单的洗洗手，而是要配合精油使用的方法，在热水中滴入3滴精油，将手腕以下部分浸泡入水里10分钟，能够起到缓解手部疲劳、美化手部肌肤的功效。

沐浴完擦干手后，可以涂抹上按摩膏或是护手霜，轻柔按摩并做适当的手部柔软运动，效果会更好。

足浴，即泡脚。在热水盆中滴入5滴精油，浸泡双脚15分钟左右，可有效促进血液循环，消除脚及腿部疲劳，改善脚气、多汗及汗脚等问题。

要注意这里不能用塑料盆稀释精油，最好选择不锈钢材质的容器泡脚，如果是想杀菌除臭，最佳精油选择薰衣草及柠檬精油。

蒸汽浴，类似于精油蒸汽法的功效，在蒸汽房里用热源蒸发稀释过的精油，在桑拿的同时尽情吸入精油，不仅能够净化

全身浴

半身浴

脚浴

手浴

图 6-1-8　精油沐浴法

身心，还可以美容护肤，绝对是保健的好方法。

淋浴法，很多人时间有限，一般都是淋浴的方式洗澡，但是这并不影响我们感受精油带来的惊喜，沐浴时可以将精油滴在打湿的毛巾或浴巾上，淋湿身体后用毛巾从脚底开始往上擦洗身体，同样能够起到活血净化的功效。

坐浴，这种方法是针对有妇科疾病或生理疼痛专门创造的方法，在不锈钢盆中放入半盆温水，滴入1～2滴精油，搅拌均匀，臀部坐在盆中15分钟左右，对痛经、阴道炎及皮肤瘙痒等症状很有疗效。

第二节　其他使用方法？

天然香料除了作为精油在日化领域中扮演重要角色之外，还被广泛用于食品、保健品、医药等领域。食物中通过添加天然香料可以使食物更具风味。在我们的生活中也可以经常见到应用天然香料的生活用品，如添加了薄荷或柠檬香料的牙膏、烟草、口腔清洁剂可以使这类产品口感更好而更受欢迎，使用了枇杷浸膏的内服药不仅味道良好且有助于治疗咽喉疾病等。

图 6-2-1　添加薄荷香料牙膏

图 6-2-2　添加枇杷浸膏内服药

第七章

功效

　　人体由九大系统组成，即运动系统、消化系统、呼吸系统、泌尿系统、生殖系统、内分泌系统、免疫系统、神经系统和循环系统。精油对于各大系统的某些疾病均有很不错的辅助疗效。

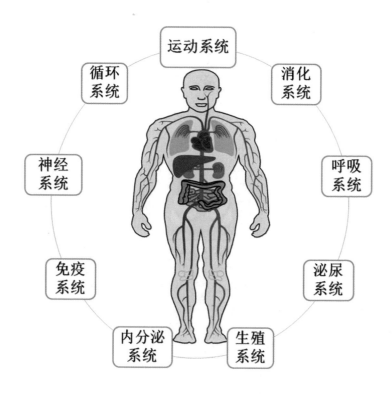

运动系统

循环系统

消化系统

神经系统

呼吸系统

免疫系统

泌尿系统

内分泌系统

生殖系统

第一节　神经系统与免疫系统

　　机体内的神经系统和免疫系统是非常复杂的，神经反射与免疫反应过程中包括很多不同激素和抗菌细胞相互之间的活动。对于压力和疾病，在科学上可以通过对抗和退缩反应进行解释。当我们疼痛、感冒、受惊或承受压力时，肾上腺会产生肾上腺素和氢化可的松。肾上腺素的突然释放会加快我们的新陈代谢（心跳加快），停止不必要的身体功能如消化（嘴巴会变干涩）和其他不重要的化学分泌（细菌抵抗机能）；产生热量（发汗），提供即时能量（呼吸加速，肌肉紧张），这就是大家都知道的对抗和退缩反应。因此，焦虑、压力、失眠和疾病往往都会很大程度上损害我们的神经和免疫系统。

　　通过脑波扫描研究得知，许多天然香料的香味成分能对中枢神经产生作用。比如说，甘菊、橙花和快乐鼠尾草精油会制造出α、θ、δ脑波，这种脑波代表欣快感和放松感；而黑胡椒、迷迭香精油则会制造出β脑波，代表人体处于警觉性的状态。酯和醛含量高的精油，如天竺葵、柠檬香草、桉树、罗马甘菊、酸橙、香柠檬、薰衣草、蜜蜂花和鼠尾草油，具有既令人放松但又能提神的功效。

　　肾上腺素是调节免疫系统最重要的激素。有些天然香料能刺激肾上腺的激素分泌，从而能有效地补充能量，提高免疫力。比如，甜橙精油有一种宜人的果香味，这种果香味有镇定和免疫刺激的特性。甜牛至精油不但具有镇静和放松功效，还对过度疲累而产生的有关各种肌肉疼痛有缓解作用。没药和乳香，传统上都用来放松精神和舒缓情绪的，它们具有非常好的抗感染性和免疫刺激性。

神经紧张、压力

病后恢复、缺乏气力

失眠、作息失调

躁郁、焦虑

图 7-1-1　部分神经系统和免疫系统的病症

表 7-1-1　常见精油对神经免疫系统的作用和适用症状

作用	适用症状	常用精油
镇定中枢神经	神经紧张、压力、失眠等	洋甘菊、佛手柑、檀香、薰衣草甜马郁兰、香蜂草、啤酒花、缬草、柠檬
刺激中枢神经	病后恢复、缺乏气力、神经衰弱等	罗勒、茉莉、欧薄荷、依兰、橙花、欧白芷、迷迭香
强健神经	记性衰退等	洋甘菊、香紫苏、杜松、薰衣草、马郁兰、迷迭香

第二节　运动系统

　　天然香料虽然不能彻底地治愈关节炎，但可以有效地帮助关节炎或风湿痛患者减轻病痛，很多芳疗师都会建议关节炎患者使用一些消炎的精油配方，配合基础油来做护理按摩，会有意想不到的改善效果。

表 7-2-1　常见精油对运动系统的作用和适用症状

作用	适用症状	常用精油
抗发炎	除了能降低关节炎的疼痛和发炎状况以外，也能用来减轻受伤部位的红肿症状	罗马洋甘菊、薰衣草等
抗风湿痛	许多精油都能用来预防并减轻风湿痛的症状	欧白芷、芫荽和杜松
排毒净化	有助于排除一些代谢废物	杜松、柠檬和奥图玫瑰
促进循环	借由刺激组织周边的血液循环来控制病情，可以增加患处的血液循环，因此可以减少充血和发炎的症状	黑胡椒、姜和迷迭香

痛风

骨关节炎、类风湿性关节炎

摔伤、扭伤、挫伤

骨质疏松

图 7-2-1　部分运动系统病症

第三节　呼吸系统与消化系统

　　有些天然香料对鼻腔、喉咙和肺部感染有非常好的疗效，比如说精油。吸入法是充分利用精油的有效途径。虽然精油到达支气管以后，大部分会被肺部呼出；但是精油可以抑制呼吸关系密切黏膜组织分泌物过多的情况（一种保护性反应），有助于辅助治疗很多呼吸道疾病。天然香料对消化系统具有止痉挛、开胃、祛风健胃、促进消化、促进胆汁分泌等作用。

感冒

干咳、百日咳

消化不良

厌食

图 7-3-1　呼吸系统与消化系统的部分病症

表 7-3-1　常见精油对呼吸和消化系统的作用和适用症状

作用	适用症状	常用精油
祛痰	黏膜炎、咳嗽、支气管炎等	桉树、松树、百里香、没药、甜茴香
镇痉	哮喘、干咳、百日咳等	牛膝草、丝柏、大西洋雪松、佛手柑、洋甘菊、白千层
抗细菌	流感、感冒、咽喉痛、扁桃炎等	百里香、鼠尾草、桉树、松树、白千层
镇痉	痉挛、疼痛、消化不良等	洋甘菊、甜茴香、欧薄荷、香蜂草、肉桂
排气	胃胀气、吞气症、反胃等	罗勒、甜茴香、洋甘菊、欧薄荷、柑橘
利胆	胆汁分泌过少	藏茴香、薰衣草、欧薄荷
疏肝	肝淤血、黄疸等	柠檬、青柠、迷迭香、欧薄荷

第四节　生殖系统与内分泌系统

　　天然香料可以通过呼吸道、皮肤吸收进入血液和荷尔蒙的调整影响体内的生理机能。天然香料的功效更胜于一般激素替代疗法，能够提升人体自行调整激素分泌的能力，而非只是取代人体所分泌的激素。有些精油，如玫瑰、茉莉，对生殖系统有很好的亲和力，能加强生殖系统能力，帮助生殖系统对抗一些特别的生殖系统毛病，如月经问题、生殖道感染和性欲障碍。还有的精油含有的植物荷尔蒙非常类似人体的荷尔蒙，如啤酒花、鼠尾草、甜茴香，含有能影响月经周期、哺乳和第二性特征的雌激素。还有其他精油，可以影响其他内分泌腺体的荷尔蒙分泌，包括负责代谢生长的甲状腺、对抗压力的肾上

催奶

孕妇保养、怀孕症状处理

经前症候群，更年期问题

妇科炎症

图 7-4-1　生殖系统与泌尿系统的部分病症

表 7-4-1　常见精油对生殖与泌尿系统的作用和适用症状

作用	适用症状	常用精油
镇痉	痛经、分娩痛等	甜马郁兰、洋甘菊、香紫苏、茉莉、薰衣草
通经	经量过少、闭经等	洋甘菊、甜茴香、牛膝草、杜松、甜马郁兰、欧薄荷
子宫调养	怀孕、经量过多、经前紧张等	香紫苏、茉莉、玫瑰、没药、乳香、香蜂草
妇科炎症	白带、阴道瘙痒、鹅口疮等	佛手柑、洋甘菊、没药、玫瑰、茶树
催奶	乳汁分泌不足	甜茴香、茉莉、洋茴香、柠檬香茅（鼠尾草、薄荷、欧芹可减少乳汁分泌）
催情	阳痿、性冷淡等	黑胡椒、肉桂、香紫苏、橙花、茉莉、玫瑰、檀香、广藿香、依兰
抑制性欲	性欲过强	甜马郁兰、樟树
刺激肾上腺	焦虑、压力过大	罗勒、天竺葵、迷迭香、冰片、鼠尾草、松树、香薄荷

腺髓质、掌管生产雌激素、雄激素和男性性荷尔蒙的肾上腺皮质。

第五节　循环系统与泌尿系统

　　天然香料中的植物精油分子可通过亲和作用迅速改善人体局部组织、细胞的生存环境，使其新陈代谢加快，解决因局部代谢障碍引起的一些问题。对人体循环系统可起到加速血液、淋巴循环，降低血压的作用。按摩疗法则是用来刺激血液循环和淋巴系统的一种很好的治疗方式。借助这种方式，能协助排除体内多余的水分。精油按摩腰腹部能有效改善血液循环、激活细胞促进新陈代谢，并疏通经络、祛风除湿、镇痛祛寒、增强机体抗病能力，长期使用既能保持红润的肤色，又能缓解腹痛、关节痛、腿痛等问题。

　　泌尿系统由肾脏、输尿管、膀胱及尿道组成，因男女生理结构的差异，容易感染的泌尿疾病也不同。女性的尿道比男性短，因此较容易出现感染问题，许多病菌都是沿着尿道向上蔓延，感染膀胱，甚至引发肾脏炎。而男性易出现问题的位置则为尿道环绕的前列腺组织，中年以后前列腺容易肿大，影响排尿。对泌尿系统有帮助的精油大部分是有杀菌效果的精油，如檀香、杜松、快乐鼠尾草、百里香、尤加利、迷迭香、松树、马郁兰、佛手柑以及洋甘菊，其中檀香、杜松对葡萄球菌感染特别有效，而像茴香、杜松等许多植物精油都会被用作利尿剂。

图 7-5-1 腰部精油按摩

第八章

应用之日化

　　精油的亲脂性、分子小、易渗透等特点，可以迅速地通过皮肤渗透进入血液循环，对皮肤起到调理的作用，从而达到美肤的功效。精油护肤不论是从美白、祛皱、祛痘等功能性的保养，还是从放松、舒缓的精神疗养上来说都具有良效。

美白 　　祛皱

防晒 　　祛痘

抗敏

第一节　美白

　　具有美白功效的常用天然植物精油有：玫瑰精油、橙花精油、柠檬精油、薰衣草精油、佛手柑精油等。

　　按照中医理论，皮肤长斑的主要原因是气血失和，而肝主气血。玫瑰精油有养肝的功效，在美白护肤中不可或缺。

　　橙花不论是在西方还是东方都是纯洁的象征。橙花精油是由苦橙树的花萃取而来的，据说要1吨花瓣才能萃取出1千克的橙花精油。对于肌肤护理，它可以减轻皱纹，提亮肤色，改善肌肤暗沉状态。

　　柑橘属的水果都是含有丰富维生素C的美白水果。维生素C不仅具有超强的美白效果，也可增强抵抗力，是我们身体每天所必需的重要物质。柠檬精油中同样含有丰富的维生素C，具有温和的美白作用，能帮助消除雀斑。此外，柠檬精油还具有去油、收敛毛孔的作用。由于柠檬精油具有感光性，所以尽可能避免在白天使用，避免晒太阳，不然效果适得其反。

玫瑰

橙花

柠檬

佛手柑

图 8-1-1　具有美白功效的常用精油

第二节　祛皱

　　眼部血液循环不良与眼部微血管通透性异常是造成眼部问题的主要原因。血液循环不良，会使体液蓄积在眼球造成不正常的压力，使眼压过高，导致眼睛疼痛、酸涩，严重者更会造成眼睛组织破坏，导致青光眼、白内障的发生。如果眼周毛细血管微循环出了问题，会造成眼部周围的皮肤营养不良，代谢不畅，从而导致废物毒素沉积眼周，形成黑眼圈。有些天然香料富含改善微循环的有效成分，可改善人体微循环，能够迅速提高血管壁弹性。特别是部分纯植物天然香料含植物类黄酮成分，可调节人体激素平衡和荷尔蒙分泌。通过调节人体内分泌，消退黑色素，让皮肤细胞活性增强，增加毛细血管张力，改善血管的通透性，增强组织的耐缺氧和抗损伤能力，促进微小血管的血液循环和微循环，提高血管壁弹性，保证血液循环畅通，增强皮肤细胞的代谢功能，消除代谢废物的沉积，保护眼睛健康。

乳香木

广藿香

迷迭香

快乐鼠尾草

图 8-2-1　具有祛皱功效的常用精油植物

　　比如说精油，是一种抗老化的良好介质。利用精油的有效成分，使皮肤吸收到充足的水分和必需的营养物质，此外，还能加速皮肤微循环，促进皮肤血液循环，起到活血化瘀的作用，增强皮肤弹性，使肌肤柔滑细腻，从而达到除皱、抗衰老的目的。减少皱纹抗老化的精油有：橙花、玫瑰、薰衣草、乳香、广藿香、迷迭香、快乐鼠尾草、天竺葵等精油。如图列举了部分具有祛皱功效的常用精油植物。可以通过使用复方精油按摩或将精油加到洗澡水中来保养面部或全身。

第三节　祛痘

痘痘大都是细菌感染，再加上油脂分泌不平衡等原因引起的。有些天然香料具有抗菌、解热、抗炎作用，能抑制痤疮杆菌，而且具有超强的渗透力，能渗透皮肤表皮300微米，此外还能疏通堵塞的皮脂腺管。

比如茶树精油，就是医学上公认的安全可靠纯植物提取的祛痘产品。茶树精油具有极强的抗寄生虫、消炎、抗细菌的作用。因为茶树精油含有较多的单萜醇，还有少量的氧化物，有全天然的抗微生物活性、杀菌功效、抗菌活性、无刺激性、优良的皮肤渗透作用和独特的芳香性等优点，被列入"十种用途最多，最有用的精油"，是少数可以直接涂抹在皮肤上的精油之一。此外，茶树精油还有非常重要的功效就是收敛毛孔和平衡油脂。

有些天然香料可以促进皮肤深层细胞分裂，加速伤口愈合，促进皮肤细胞再生，从而达到祛疤的效果。天然香料中某些有效成分具有对断裂组织纤维的链接功能，有效链接因创伤和感染造成的皮肤真皮层断裂的胶原蛋白，降低因胶原蛋白纤维断裂而形成皮肤凹凸不平的几率。

比如说薰衣草精油，能快速渗透毛囊，消毒抗菌，促进细胞再生，促进青春痘和小伤口迅速愈合，恢复皮肤结缔组织，预防疤痕痘印遗留。与此同时，还能平衡肌肤表层油脂分泌，舒缓敏感肌肤，收敛毛孔，保证肌肤细腻有光泽。

茶树

薰衣草

图 8-3-1　具有祛痘功效的常用精油植物

第四节　抗敏

较多的天然香料有可能引起过敏反应，尤其当皮肤已经出现过敏症状时。所以在需要外用天然香料时，应先涂1滴在肘部内侧进行测试，如没有反应则可放心使用。但是，一些天然香料具有抗敏作用，如洋甘菊精油，更适合干性、敏感性皮肤，对治疗微细皱纹、微血管破裂有着不错的功效，可以用来保护脸部最敏感的眼部肌肤。洋甘菊精油在美容护肤上被广为认识的抗敏功效来源于以下两种化学成分：

图 8-4-1 洋甘菊

（1）甘菊蓝烃。甘菊蓝烃为抗敏化妆品中常用的天然抗炎成分，具有抗组织胺的作用。虽然它和一般抗组织胺的药物相比，发挥作用的时间较慢，但安全度高，适合长期使用，所以作为低敏性日常保养成分，是极为安全的。

（2）红没药醇。红没药醇又叫甜没药醇，是存在于洋甘菊中的一种成分（洋甘菊精油消炎作用主要来自α-红没药醇及其氧化物），在化妆品中，α-红没药醇常作为活性成分以保护和护理过敏性皮肤。

第五节　防晒

对于防晒，使用天然香料是一把双刃剑，使用合适能起到晒后修复的作用，使用不当，反而会越防越黑。

比如说，洋甘菊精油、薰衣草精油都是有利于晒后修复的天然香料。洋甘菊精油可以冷却晒伤的肌肤，用加了5～6滴洋甘菊精油的微温水沐浴，是最迅速有效减轻大面积皮肤发红和刺痛症状的使用方法。这个方法很安全，因此在晒伤的感觉消失前，可以每隔几小时就洗一次。如果是处理儿童晒伤，只能用3～4滴洋甘菊精油，并且加入洗澡水前还要先用一点甜杏仁油稀释。比较严重的晒伤最好用可以治疗各类型烧伤的薰衣草精油。如果患部没有出现水疱或伤口，将薰衣草精油加入煮沸过的冷水中，每汤匙水加入约12滴薰衣草精油，用这溶液轻轻拍在患部；如果患部出现水疱，水疱部位最好涂抹纯的薰衣草精油。

但是，大多数的柑橘属植物精油，会让皮肤对光线更敏感，更容易晒伤，这就称为"光敏性"。因此，如果要到户外接受强烈日晒，就千万不要在洗澡水、按摩油、皮肤保养品或香水中添加佛手柑、甜橙、柠檬等柑橘属植物精油，否则肌肤会被严重晒伤。

德国洋甘菊

薰衣草

图 8-5-1 具有防晒功效的常用精油植物

第九章

应用之食品

在日常生活中，无论是厨房中烹饪的菜肴还是食品企业生产的产品，几乎无不"添香加味"。这里所提的添的"香"及加的"味"指的便是香料香精，正是由于香料香精的"香"及"味"，才使食品有了独特的美感、口感。天然香料在食品中的功效主要包括抗氧化、抗菌、增稠等；可用作香料、天然色素及甜味剂等。

功效1：抗氧化

用途1：香料

功效2：抗菌

天然香料在食品工业的应用模块

用途2：天然色素

功效3：乳化增稠

用途3：甜味剂

第一节　抗氧化

早在很久以前，古人就利用天然香料的抗氧化这一性质进行食物的储存。1951年，科学家Chipult等人通过对32种香辛料抗氧化性实验研究发现，唇形科植物迷迭香和鼠尾草具有优异的抗氧化能力。大量的研究结果表明，天然香料具有抗氧化性，其主要原因是这类香料中含有醇类、酚类、酯类、醛类、酸类、萜类、黄酮类、生物碱及不饱和烃类等抗氧化成分，由不同的植物得到的天然香料，其抗氧化成分也有所不同。其中，某些天然香料的化学成分，在储存、加工及运输过程中，部分还会发生一些相应的化学反应，生成新的抗氧化成分。天然香料抗氧化机理主要有以下两个方面：

首先，天然香料本身含有还原性成分，例如酚类、酯类、不饱和烯烃类等，这些化学物质单独存在就具有一定的抗氧化能力，在天然植物中，一般是多种这类抗氧化化学物质的混合物。就某一种天然植物香料而言，不仅其各种抗氧化组分能单独发挥抗氧化功效，而且由于多种抗氧化组分之间的相互协同作用，使天然香料的抗氧化能力大大增强，因而在食品储存中表现出了良好的应用性能。

其次，天然香料中还存在潜在的抗氧化成分。天然香料中某些单独存在时还原能力较差的化学成分或者某些没有抗氧化能力的成分，在香料的加工、储存、运输及使用过程中发生相应的化学反应，生成具有抗氧化能力的化学成分，这些后来产生的抗氧化成分同自身固有的抗氧化成分一起，共同发挥抗氧化能力。例如，姜黄素的主要化学成分，在常温下能够分解产生强还原性物质3，4-二羟基苯乙烯，表现出潜在的强抗氧化性能。

　　因此，总的来说，天然香料所表现出的抗氧化性是自身所含的抗氧化成分与潜在抗氧化成分相互作用的结果，正是这些天然香料的抗氧化能力，才使食物能够长时间保存而不发生变质。

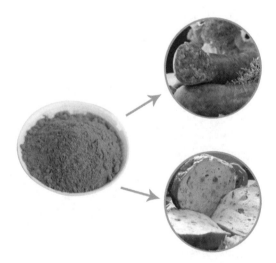

图 9-1-1　姜黄素在食品中的抗氧化应用图例

第二节　抗菌

天然香料具有一定的抗菌作用，这在很早就被古人所利用。很久以前，人们就在乳制品中加入薄荷来防止乳酸的酸败，古罗马人用芥末来防止果汁的发酵，这些都是天然香料在食物中抗菌性能应用的实例。我国古时也有将天然香料用于保存食物的相关记载。在现代日常生活中，天然香料用于抗菌的例子不胜枚举，例如，在腊肠保藏中，可以用胡椒促进乳酸菌发酵，间接起到防腐效果。相关实验证明，芥菜子、丁香、桂皮、小豆蔻、芫荽籽、众香子、百里香等天然植物提取得到的香料都具有一定的抗菌作用，某些天然香料的抗菌成分，其抗菌性能甚至优于合成类抗菌化合物。另外，将天然香料同合成化学物混合使用，能够显著影响食品的抗菌性能。例如，将苯甲酸钠添加到果汁中，果汁很快腐败，也间接表明合成的苯甲酸钠不具有抗菌性能，而将芥末和苯甲酸钠混合使用，果汁能够较长时间保存，从而表现出天然香料在食品抗菌性能方面的独特优势。

天然香料之所以具有抗菌作用，其主要原因是天然香料中含有活性物质——精油。例如，研究结果表明，丁香花蕾中含15%～20%的精油，其中的85%～92%为丁香酚，这些丁香酚具有很强的抗菌性能。又如，国产肉桂中含有精油1%～3.5%，而这些精油中肉桂醛的含量高达80%～95%，这些肉桂醛是抗菌的有效成分。正是由于天然香料中含有这些抗菌成分，在食品中加入天然香料后，食品不至于在短时间内变质腐败，从而使食品能够长时间保存。

提取

丁香花

丁香花蕾精油
Clove Bud Oil
100% Pure

烹饪原料

冷菜

图 9-2-1　天然香料丁香花蕾香料在烹饪原料及冷菜方面的应用实例图

第三节　乳化增稠

在食品工业中所使用的乳化剂和增稠剂都是改善和稳定食品各组分的物理性质或改善食品组织状态的添加剂，乳化增稠剂对食品的"形"和"质"及食品加工工艺性能有着重要作用。一般而言，食品乳化剂是指添加少量便能够使互不相容的液体（如油和水）形成稳定乳浊液的食品添加剂，而增稠剂是指一类能够提高食品黏度并改变其性能的食品添加剂。下面分别来看天然香料在食品乳化增稠方面的作用。

我们知道，天然香料经过调香工艺便可配制成各种各样的香精，而香精是食品工业中不可缺少的一部分。在各类香精香料产品中，有一类香精叫做乳化香精，它是一种具有特殊性能的乳液，其构成分为油相和水相，水相主要成分为乳化剂、增稠剂等。其中，乳化剂作为乳化香精中最重要的一类食品添加剂，具有典型的表面活性剂作用，能够降低体系的界面张力，使整个体系具有一定的稳定性。一般情况下，选用多种乳化剂进行复配，优化乳化剂和增稠剂的比例，促使浑浊液均匀分散、悬浮在溶液中，从而不会造成体系的分层。以大豆磷脂为例，大豆磷脂属于天然香料乳化剂，是大豆油生产过程中产生的副产品，大豆磷脂作为食品乳化剂，具有优良的乳化性、抗氧化性、分散性和保湿性，已广泛应用于速溶奶、颗粒饮料、营养乳化剂等食品工业中。

相对于乳化剂而言，增稠剂是以胶体的形式分散于溶液中的食品添加剂，因此也被称为亲水胶体，很多增稠剂因具有独特的结构及功能性质而在食品中得到广泛应用。增稠剂的主要目的是增加液体的黏度，正是这个原因，增稠剂能稳定水包油乳状液。对于可用于食品工业中的增稠剂而言，由植物提取得到的天然香料基增稠剂便是其中的一类。

第四节 辛香料

各类食品的加香调味，主要是利用天然香料来改善食品的色、香、味，从而使食品对人产生强烈的诱惑感，而食之则获得良好的口感，同时提高了食品的档次，具有高雅风范。据记载，早在明朝，李时珍所著的《本草纲目》中就记有菜食之一的荤辛类：系指以鱼类、肉类为基础，配以有辛味的蔬菜和调味料制成菜食的总称，后者辛味来源部分取自食用香料植物。

辛香料是一些干的植物的种子、果实、根、树皮做成的调味料的总称，又名香料或香辛料，例如胡椒、丁香、肉桂等。它们主要是被用于为食物增加香味，而不是提供营养。从前没有有效的食物储存技术，腌制食物是使秋天获得的食物得以维持过冬的唯一方法，而腌制食物需要用香料原料。辛香料在食品中一般可分为天然香料及合成香料两大类。天然香料是自然界的香料，如香辛料中的胡椒、八角、茴香、孜然、姜、肉桂、丁香等。

在现代生活中，人们对于食品的要求越来越高。评价食品的感官评审指标包含了色、香、味、形等诸多方面，就食品的香味而言，菜肴的香气往往给人先入为主的感觉，对消费者具有很强的诱惑力，俗话说"不见其菜，先闻其香"就是这个道理。而食品中这些功效的获得，最为直接的方法就是在菜肴中加入香料。例如，"麻婆豆腐"在装盘后需洒上花椒面，"葱烧海参"开始需炒出葱香，最后还需要加入葱油等，这些都是利用香料来强化菜肴的香味。直接在食品中加入天然香料还具有抑臭的作用，例如，在肉制品加工过程中，会产生大量的腥味、臭味，通过加入葱类、月桂、紫苏等天然香料，可以达到抑制臭味与腥味的目的。对于膻骚味较重的羊肉一般采用紫苏叶、麝香草、丁香等抑制，而豆制品一般采用蒜、洋葱、肉豆蔻、牛至等抑制臭味。

此外，不同的食用香料加香调味的对象各不相同。例如，禽类、马铃薯食品的加香宜用芫荽籽、生姜，谷类、豆类食品加香宜用枯茗等；另外，不同口味也使用不同香料。在使用香料时，还要考虑对异味的掩盖效果，同时要考虑与加香产品的适应性。

　　总之，在食品中加入天然香料，不仅可以改善食品的品质，而且能够增加消费者的食欲，表现出良好的应用前景。

图 9-4-1　天然香料作为香料在食品中的应用实例图

第五节　天然色素

　　在各类食品加工、运输及储存过程中，由于光照、温度及储存条件等因素，使食品发生酸败和褐色现象，如不采取防腐保鲜措施，很快会使食品失去光泽，降低食品的品质，这是企业及消费者不愿看到的。因此，必须在食品中加入一定的色素，以达到使食品光泽艳丽的目的。然而，合成色素由于其安全性问题而被限制使用，苏丹红、孔雀石绿等食品安全事件给人们一次又一次的警示。在此情况下，天然香料由于含有多种天然色素，不仅能够赋予食品美丽的色泽，更为重要的是应用在食品工业中也安全性高、无副作用。如薄荷、芫荽、欧芹富含叶绿素，辣椒、番红花富含类胡萝卜素，紫苏富含花青素，姜黄富含姜黄素等。这些天然香料中所含有的色素均能够使食物着色，能够使食品光鲜亮丽。对于不同的天然香料得到的色素而言，其性质有所不同，故其应用范围和应用方法也有所不同。

对于食品生产者来说，食用色素的稳定性及安全性至关重要，因为这直接关系到企业的切身利益。与人工合成色素相比，天然色素在食品工业中的应用范围更广，前景更为乐观。在此，以天然香料色素在肉制品及罐头制品中的应用为例，来看天然香料色素在食品工业中的应用。

我们都知道，肉制品经过储存或加热处理后，会明显地变色甚至褪色，而消费者在实际购买过程中往往倾向于购买色泽艳丽的肉制品。为此，生产商以往采用的方法是将肉制品浸泡在含有亚硝酸盐或硝酸盐的溶液中保持一段时间，固定上述色素以防止变色和褪色。然而，亚硝酸盐是致癌物质，在使用上受到严格限制。目前，使用天然香料提取得到的天然色素能够很好地解决这一问题。例如，红色素甜菜红和辣椒红色素均可以用于香肠、火腿及肉类罐头制品的加工生产中。如此一来，不仅取代了具有致癌风险的人工合成色素，提高了食品使用安全，而且保留了食品原有色泽，甚至赋予食品特殊的天然香料的香味，使消费者在食用后具有"齿颊留香"的美感。

图 9-5-1 天然香料作为色素在食品中的应用实例图

第六节 甜味剂

众所周知，由于合成甜味剂（如糖精钠、天冬氨酸）的安全性不明等主要问题以及人们对健康、绿色、安全的追求，从天然植物中得到的天然香料作为甜味剂表现出了诱人的应用前景。目前，两种大宗供应的天然甜味剂分别为索马甜和甜菊糖。以索马甜为例，索马甜系西非象牙海岸、苏丹附近热带雨林森林地带自然生长的植物中提取的一种甜味蛋白，其独特优势在于甜味极强且对身体无潜在危害，因而成了一种极具发展前途的天然香料食品甜味剂。相关研究数据表明，等量的索马甜的甜味几乎是蔗糖的1600倍，在食品中加入少量索马甜便可使食品具有美妙的甜味。正因为如此，早在1979年，日本就批准索马甜作为一种安全的天然食品香料，美国也于1989年批准其用于口香糖，以增加口香糖的甜味。

目前，在传统天然香料作为甜味剂的基础上，对新型天然香料用于食品甜味剂的研究也是重点方向之一。甘草酸就是其中的一种。从植物甘草中提取出的甘草酸具有高甜度、低热量、安全无毒等无可比拟的优点，其甜度约为蔗糖的200～250倍，而且是一种非热源性甜味剂，因而被广泛应用于甜点、饮料、酱制品中，以增加这些产品的甜味。更为喜人的是，对于患有肥胖症及高血压等相关疾病的人群，食用这种非热源性甜味剂，在获得甜味的同时还不会增加其血糖等不良效果，因而深受大众消费者的喜爱。此外，使用甘草酸香料还可以克服使用白糖所引起的发酵、酸败等缺点，用于面包、蛋糕、饼干等食品，还具有柔软、疏松、增泡的效果，因而表现出了极大的应用范围。进一步开发新型天然香料用于食品甜味剂具有广阔的前景。

图 9-6-1　甘草香料作为甜味剂在食品中的应用实例图

第十章

应用之医药

　　植物性天然香料来源广泛,毒性小,且大部分植物性精油因含有的萜类、醇类和酚类等主要功能成分使其具有独特的生物活性和药用价值。

天然香料健康图典

应用1：
抑菌与杀菌

应用2：
消炎与替代
抗生素

天然香料
应用于医药

应用3：
抗病毒

应用4：
药物前驱体

第一节 抑菌与杀菌

国内外研究表明，植物性精油对日常生产生活中的多种病菌有很好的抑制作用，有些植物性精油还能达到杀菌的效果。如薰衣草精油对单核细胞增多性李斯特菌、沙门氏菌等常见的食物传播性致病菌有很强的抑菌活性。李斯特菌感染严重的可引起血液和脑组织感染，而人畜感染沙门氏菌后可呈无症状带菌状态，也可表现为有临床症状的致死疾病，可能加重病态或死亡率，或者降低动物的繁殖生产力。1995年报道了薄荷精油对肠炎沙门氏菌和单核细胞增多性李斯特单核细胞菌具有抑制作用。

大肠杆菌是人和许多动物肠道中最主要且数量最多的一种细菌，绝大多数大肠杆菌与人类有着良好合作，但是仍有少部分特殊类型的大肠杆菌具有相当强的毒力，一旦感染，将造成严重疫情，通常情况下引起痉挛性腹痛、腹泻和败血症。而金黄色葡萄球菌在自然界中无处不在，空气、水、灰尘、人和动物的排泄物中都可找到。因此，食品受到污染的机会很多。而相比于合成的抗生素药物，来源广泛、副作用小、安全性高的植物性精油在对大肠杆菌与金黄色葡萄球菌的抑制和杀死作用上有着独特的优势。黑种草籽油、佩兰油、紫苏油、荷叶油具有抑菌活性，佩兰油的挥发油部分对大肠杆菌、四联球菌、枯草杆菌和金黄色葡萄球菌均有较好的抑菌活性，是较好的天然杀菌剂。从大蒜、肉豆蔻、茴香等香辛料中提取的香精油，对金黄色葡萄球菌、埃希氏大肠杆菌等微生物有显著的抑制作用。

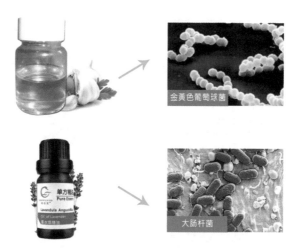

图 10-1-1　多种具抑菌与杀菌作用的天然香料

第二节　消炎与替代抗生素

炎症，就是平时人们所说的"发炎"，是机体对刺激的一种防御反应。通常情况下，炎症是有益的，是人体的自动防御反应；但是有时候炎症是有害的，例如对人体自身组织的攻击、发生在透明组织的炎症等等，而炎症过度时也会给身体带来巨大负担。常见治疗炎症的方法是使用抗生素，而植物性精油在消炎和抗生素的应用上有着非常重要的作用。

大蒜头内含挥发性大蒜素即大蒜精油，具有很强的抗菌、消炎能力，是一种植物性广谱抗生素。而从鱼腥草中提取的精油在临床上被用来治疗支气管炎、大叶性肺炎、支气管肺炎等呼吸道炎症。薄荷油能促进呼吸道腺体分泌，因而对呼吸道炎症有治疗作用。桉树精油传统上应用于治疗伤风、感冒，甚至肺炎、支气管炎、鼻窦炎、咽喉发炎等问题。百里香挥发油能改善微循环，促进炎症消散，具有显著的抗炎作用。麝香也有一定的抗炎作用，其抗炎作用与氢化可的松相似。牛至精油与甘油单月桂酸酯两者单独使用或各自与抗生素联合使用在细菌感染的预防和治疗是有益的，尤其是治疗对抗生素产生抗药性的细菌感染。存在于桉树油、玉树油、樟脑油、月桂叶油等中的1,8-桉树脑（也称桉叶油素，是一种单萜氧化物）也具有抗

图 10-2-1　多种具消炎作用的天然香料

炎活性。

百里香、肉桂等天然香料由于含有香芹酚、百里香酚、肉桂醛等消炎、抗菌、抗氧化的有效成分而被用来作为抗生素添加剂的替代产品，且因其天然性而具有极大优势。

第三节　抗病毒

许多植物性精油中因酚类、芳香醛类和萜烯醇等化合物的存在，使其不但具有先前所述的抑菌、杀菌、消炎等功效，还具有不同程度的抗病毒、抗微生物、提高免疫力以及各种治疗作用，如茶树精油是比一般除菌的化学药物强1～3倍的抗病毒疗剂，能有效抵抗引起炎症的病毒、细菌与真菌等微生物的伤害。其中，含有萜醇的玫瑰木油、芫荽油、香叶油等可抑制大量的细菌、病毒和真菌等病原菌，具有非常重要的治疗作用，被系统地用于治疗几乎所有的疾病。肉桂皮油含有芳香醛类化合物，具有较强的抗菌、抗病毒、抗真菌和抗寄生虫等作用，这种高活性使得这类精油特别适用于治疗那些难治的疾病或其他精油效果不明显的疾病。

马达加斯加丁香油既具有氧化物(如1,8 -桉叶油素)的性质也具有单萜醇(如α-松油醇)的性质，因此其抗病毒和提高免疫功能作用极强，对流行性感冒、肝炎和病毒性肠炎等有良好的治疗效果。密生牛至油有酚类化合物如香芹酚和百里香酚等的各种性质，具有良好的抗病毒、提高免疫功能等作用，用于治疗细菌性、病毒和寄生虫肠道感染(如腹泻、局限性回肠炎、痢疾和疟疾)等疾病。提取自丁香树的丁香油中具有其主要成分丁香酚的性质，对病毒性疾病(如流行性感冒、带状疱疹、病毒性、神经炎和病毒性肝炎)有比较好的医治作用。另外，大蒜精油除了具有很强的抗菌、消炎、杀菌等作用外，在抗病毒、抑制血小板凝聚、增强免疫功能等方面都有非常好的疗效。

第四节　药物前驱体

天然香料通常具有独特、新颖的结构，以其为先导化合物通过分子修饰，可以合成医药、化工领域的原材料或中间体，是天然资源的重要研究方向。比如，茴香脑是植物性天然香料八角精油的主要成分，可直接应用于香料，也可经氧化后制取茴香醛；α-蒎烯和β-蒎烯是松节油的主要成分，经氧化后可分别制得蒎酮酸和诺蒎酮，而茴香醛、蒎酮酸和诺蒎酮都是香料及医药工业的重要原料或中间体，基于此还可以合成许多高附加值的产品。

研究表明许多国家的药品中含有精油，其中，《美国药典》《英国药典》《法国药典》《德国药典》《日本药典》和《欧洲药典》中都有精油的相关论述。在药理上薰衣草具有安定神经、治疗失眠、促进食欲的功效，而薰衣草精油因具有杀菌、止痛、镇静等功效，被医药厂商用作治疗多类疾病的原料药，如包括：治疗暗疮、烧伤、伤口发炎、蚊叮虫咬、牛皮

癣、湿疹、疤痕等皮肤病的原料药；治疗生理期前后月经痛、
关节痛、消化不良、减肥美体、调节内分泌系统疾病的原料
药；治疗初期感冒、咳嗽等呼吸道疾病，以及促进毛细血管的
血液循环，平稳血压的原料药；治疗中枢神经、舒解焦虑、改
善失眠、忧郁症等神经系统的原料药。

　　继薰衣草精油的广泛应用之外，部分精油有望用作药物的
原料：亮叶含笑精油可作生产平喘祛痰药物的原料；大叶云山
白兰精油和法斗木莲精油可用于治疗抑郁症和焦虑症；厚果含
笑精油可用于生产国家级二类抗肿瘤新药榄香烯胶囊；大果木
莲精油因含有丰富的柠檬烯和P-伞花烃，可作为医用原料制成
复方柠檬烯胶囊或祛痰、止咳药物。

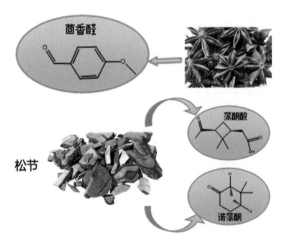

图 10-4-1　天然香料与药物原料

第十一章

应用之烟草

　　伴随烟草工业发展，降低燃烧焦油量及其他有害成分、提高使用安全性是烟草研究的一个重要方向。烟草中的许多香味物质存在于烟焦油之中，降低烟焦油意味着烟味变淡，香气减弱，难以被消费者所接受。因此，通过添加天然香料来增进卷烟口感和香味，稳定卷烟质量，满足个性化需要，提高使用安全性。

第一节　定香剂

　　定香剂也可被称为保香剂、定香醇，是香精中香气较持久、挥发较缓慢的香料。麝香作为一种定香天然动物香料，主要功能是表达清灵而温存的动物样香气，仅次于龙涎香，扩散力强，留香持久，可用作烟草烟气香味调和剂。

　　海狸香料产品形态有净油和酊剂两种，香气具有强烈腥臭动物香气，稀释后具有温和的动物香香韵，香气令人愉快。主要功能可作为定香剂，用于配制高级东方型卷烟香精的定香剂。

图 11-1-1　天然麝香香料

第二节　增香剂

　　烟草类天然香料为植物类天然香料中特殊的一种，是由烟草的花、叶、茎、根和果实中提取的易挥发芳香组分的混合物。

　　根据制取的方法不同，可得到精油、浸膏、净油、酊剂等不同产品。由于来源于烟草，香气逼真、自然，可直接用于卷烟和烟草薄片加香，不仅能增补各类烟草的特征香气，而且具有增加基香、减除杂气、提高卷烟质量的功效。最常用的商品化品种有烟草浸膏、烟草花浸膏、烟草净油等。

提取　　电子烟　　卷烟　　烟斗　　嚼烟　　烟草精油

图 11-2-1　天然香料在烟草中的应用

第三节 调味剂

烟草中使用的各种天然香料，不但可以掩盖原始烟草燃烧产生的杂气，还可以弥补烟草本身香气不足的缺点。通过选择不同的香料可调制不同口味的香烟。东方型卷烟主要注重烟草本身具有的自然烟香，一般不添加香料或很少加香修饰。香料型卷烟主要是利用香料特征香味，如土耳其型、埃及型、拉搭基亚型、伊兹密尔型、巴斯马型等可以制备出不同味道的满足不同人口味的香味卷烟。

烟用香精的调配是技术与艺术的结合，是在一定科学理论的基础上结合经验和个人的调香才能，通过不断试验和实践得出的结晶。因此，嗅觉评定仍然是调配烟用香精的重要手段。目前，烟用天然香料有果香、坚果香、木香、花香、蜜香、膏香等。

烟用调味剂

天然香料

香烟

食用调味品

图 11-3-1 天然香料作为调味剂在烟草中的应用

第四节 甜润剂

虽然调制和自然发酵很大程度地改善了烟叶的吸食品质，但是其香味或多或少仍存在一些缺陷。为了保持卷烟产品质量和舒适度，需要根据设计配方，通过添加烟用香料物质来克服烟气香味缺陷，增加香烟的甜润度和香气值。

烟用香精香料的选用通常是施加于卷烟中进行评吸，香精香料在卷烟燃烧前后会发生很大的变化，同时会和烟草中的致香成分混合后发生相长或相消作用。卷烟加香可以补充优美的香气，赋予卷烟独特的香味，并能协调香味，使不同类型、不同等级烟叶香气有机组合并相互协调，掩盖或冲淡杂气，还可以增加甜润度，改善吸味，减轻烟气的刺激性，减弱清杂气，从而改善品质。烟草香精是卷烟生产中必不可少的物质，其配方更是卷烟企业的核心技术，在改善卷烟的口感、突出烟草风格方面具有重要的作用。

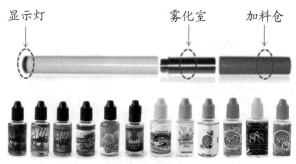

图 11-4-1 天然香料作为甜润剂在电子烟中的应用

另外，随着人民生活水平的不断提高，人们对吸烟与健康的问题越来越重视。因此，在满足烟草消费者需求的同时，关注消费者健康，开发低焦油低危害卷烟，是烟草行业一项长期的任务，而通过添加天然烟草香料可以在一定程度上解决卷烟因焦油降低导致香气成分减少的问题上发挥重要的作用。

第五节　提升品质

烟用香料是卷烟极为重要的添加剂，其作用是最大程度保证卷烟品质。考察烟用香料对卷烟品质的影响，通常需要选取几种烟用香料，采用模拟实际生产加热预处理的方法，研究烟用香料在不同温度下对卷烟品质的影响。通过感官品质评价，分别对每个牌号的卷烟采用加热预处理香料进行感官评价，判断添加不同香料产生的差异性、香气和刺激性等。

通过对烟用香料香精的使用研究，提高其对卷烟的贡献和生产工艺参数的完善，对科学地稳定和提高卷烟产品的品质具有非常重要的意义。调整烟用香料不但可以改善烟草的吸味，同时也提高了卷烟的品质和档次。我国多种名牌高档香烟中都添加了多种天然香料用于提升卷烟的口感和品质。

提取　应用

图 11-5-1　天然香料在卷烟中的应用实例图

第六节　降低危害

　　尼古丁是香烟的主要有效成分，能刺激人体，亦会令人上瘾。烟草对大脑的影响主要是通过尼古丁模仿乙酰胆碱对中枢神经系统具有刺激作用，从而激活相关神经来释放更多的多巴胺。而烟草中所含的哈尔明和降哈尔明则能通过抑制分解酶的活动，使神经突触内的多巴胺、血清素和去甲肾上腺素保持在高浓度水平。随着多巴胺、血清素和去甲肾上腺素保持的作用得到强化，人的清醒程度就更强、注意力更为集中，从而更能缓解忧虑，忍耐饥饿。经常吸烟会使大脑中的尼古丁含量较高，使得神经源对尼古丁不敏感，导致多巴胺释放的刺激作用减弱，吸烟量逐渐加大，吸烟者也因此陷入烟瘾增强的恶性循环。

吸烟会增加患肺癌的机率，目前 80%至90%的肺癌是由吸烟引起。吸烟引致肺癌的机率与吸食的方法和频率以及香烟的种类有关。据统计，一个普通吸烟者可能得肺癌的机会为11%至17%，比非吸烟者高出10至20倍。吸烟时吸入体内的烟气是有毒与致癌的，当中包括具有放射性的氡及镭。

因此，在降低卷烟焦油的同时，通过添加天然香料，实现烟草制品的口感多样性，能够满足个性化需要，降低吸烟危害。

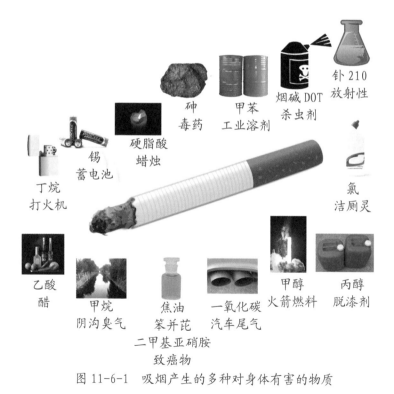

图 11-6-1 吸烟产生的多种对身体有害的物质

第十二章

应用之家居生活

　　天然香料在家居生活中常用作清香剂，有抗菌、杀毒、提神等养生保健功效，且使用安全性较高。随着人们的生活水平不断提高，对家居的个性化和舒适性追求日益增强，逐步推动了天然香料在家居生活中的应用。

応用1：
卧室/客厅加香

応用2：
清新厨房

天然香料
应用于家居生活

応用5：
宠物精油

応用3：
净化洗手间

応用4：
衣柜防虫

第一节 卧室 / 客厅加香

植物性天然香料广泛应用于家居生活的各个方面，下面举例介绍天然香料在卧室、客厅的一些应用。

1. 让玄关环绕花香

让玄关香气缭绕而不是鞋柜的臭味，天然香料起着至关重要的作用。干花标本配上其本身的香味，如往人造玫瑰花上喷洒天竺葵精油或是利用天竺葵精油制成的微胶囊在制花的过程中加入花瓣上，让香味缓慢地释放，既能和鲜花产生同样的赏心悦目之效果又能经久不衰。除了干花，还可以将精油喷洒于各种摆设玩物上和阴湿的鞋柜里，起到清洁消毒、吸潮防霉的作用，如在装有一定量白醋和水的喷雾瓶中加入些许茶树精油，摇匀直接使用即可。

2. 美化客厅只需淡淡幽香

市面的除臭剂或空气清新剂，大多含化学成分，对人体会产生副作用，利用天然香料独特的杀菌特性清洁居室环境，比起化学清新剂要安全许多，如薰衣草精油可以清除新装修房子的树脂味、油漆味，还能中和苯、甲醛等有毒化学品。白天使用醒神的柠檬、百里香精油，促进脑部活动并提高工作效率，晚上将增进愉悦氛围的佛手柑精油喷洒于沙发椅垫和房间的各个角落，能使人放松心情，忘记烦恼，也可以使用熏蒸的办法提前设置香味环境。另外，桉树、桃金娘精油都有着清洁室内空气，预防疾病传染的功效。香茅、白千层精油则能在闷热的夏天驱赶蚊虫。

3. 将香味喷洒到地毯、窗帘上

让卧室和客厅生香，可以巧妙地将香味喷洒于窗帘和地毯等柔软的物品上，因为香味不易被坚硬的家具吸附，且香味易在高温环境中自下而上地散发，故喷洒在阳光照射得到的窗帘下摆，效果极佳，并防止窗帘长斑点霉。空调的过滤网上易附着灰尘和香烟尼古丁，定时清洗消毒过滤网，用棉花蘸香草醛、柠檬精油擦拭或喷洒于空调送风口处，能随着冷风飘出阵阵清香。

4. 香气安睡

市面上不乏销售装有香精的枕头，但不妨自己利用天然香料，如将镇静安眠的洋甘菊、薰衣草制成的干燥香料装入枕套、眼罩中，或是将精油稀释后直接喷洒于床单、被套上或灯罩等热源上，再穿上经稀释精油泡洗或经精油微胶囊加香的衣物，提高睡眠质量，缓解疲劳和压力。夏天热得睡不着时，亦可添加薄荷精油，会有凉爽轻快的感觉。

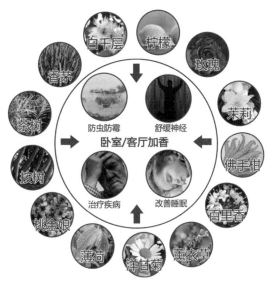

图 12-1-1　常见的卧室／客厅用天然香料

第二节　清新厨房

　　民以食为天，厨房的清洁卫生必不可少。下面教你两招使用天然香料清新厨房的方法。

1. 活用香草消除厨房异味

　　厨房是处理食物的场所，对于味觉特别敏感。用餐时若发现异味，会使人食欲骤减，也分辨不出食物新鲜与否。但厨房的味道又不能用太香的香料去掩盖，否则可能会污染食物。适合厨

135

房的香味，也应与食品有关。如麝香草、鼠尾草、葡萄柚、柠檬精油等，喷洒于厨房的梳理台上，既能发出淡淡的香味，也能清洁台面，起到防油污防霉菌作用。薄荷与薰衣草、鼠尾草精油以一定比例复配能清除烹饪味道，些许迷迭香、茶树、桉树精油能清除烟雾，让油烟味变成香味，还可以减轻生鲜垃圾及腐败食品的酸臭味。此外，佛手柑、天竺葵和檀香木精油能增加进餐的愉悦感，生姜、乳香和橘精油能给冬夜的晚餐带来温暖，这些精油经稀释摇匀后应用于空气不流通、沉闷、油烟缭绕的房间内，可快速清新厨房，营造轻松良好的室内氛围。

2. 冰箱、橱柜的清洁尤为重要

春夏交替时节，气候多潮湿闷热，橱柜和冰箱十分容易滋生细菌，产生异味。虽然使用除臭剂能获得较好的效果，但

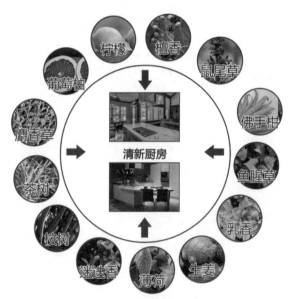

图 12-2-1　常见的清新厨房用天然香料

在烹调食品的厨房内是不宜使用化学清洁剂的，故天然香料成了不二之选。冰箱的杂味由多种食物长期存放混杂而成，需时常清洁和更换除臭剂，药草、鱼腥草、柠檬干、柚子干均为不错的选择，其中鱼腥草虽香味独特，但其除臭、抗菌、抗霉的能力尤其突出。消毒碗柜最适宜放入干燥薄荷除味加香，即使味道转移到餐具上也对人体无大碍，且持续时间长，避免频繁更换的麻烦。水槽是最常被忽略的地方，残留的油脂、异味易滋生病毒、蚊虫和招惹老鼠，放些薄荷或柠檬也是除臭的好方法。老鼠最怕薄荷的气味，经常将稀释的薄荷精油喷洒于厨房的各个角落，能杜绝鼠患，保护食物。

第三节　净化洗手间

古时候，洗手间称为"茅房"，被认为是污秽且难以启齿的地方，然而天然香料的出现使得洗手间也可能变作一个舒适的场所。

1. 用香味消除洗手间的臭味

洗手间的空间常较狭窄，不适宜放浓烈的香味或多种香味，香味协调才是最重要的。将加有薰衣草、茶树、洋甘菊精油的香皂放在洗手间的角落或通风口，这样既干净，又能自然地散发出淡淡的香味。定时点燃一块熏香，可以选择橘子、莱姆、佛手柑等清爽的味道，也可以是乳香甘甜的香气，异国风情的檀香也不失为一个好的选择。另外，在盛有温水的水杯或脸盆里滴2～3滴精油，如柠檬、茉莉、玫瑰之类精油，不仅可代替洗涤剂、消毒剂等清新空气及室内环境，还有效规避使用化学品，既安全环保又起到了杀菌防潮的作用。在容易滋生细菌、蚊虫的下水道附近喷洒一些白醋稀释的香茅和薄荷精油，或者将这类天然空气清香剂喷洒于洗手间地板、洗涤槽、水管等各角落，能有效驱赶蚊虫、消毒防霉。

2. 使用含天然香料的卫生用品

植物经蒸馏、提纯、浓缩等工艺提取出的天然香料，有着天然抗菌、抗病毒、抗氧化等功效，多种天然香料还有着增强免疫力、治疗疾病、消除疲劳、放松身心的作用。将这些天然香料应用到卫生用品如牙膏、沐浴露、洗发水、洗衣液、消

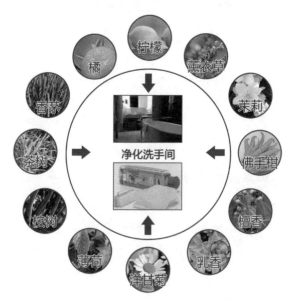

图 12-3-1　常见的净化洗手间用天然香料

毒水等，便赋予了普通卫生用品所没有的特殊功效。例如，茶树、薰衣草、洋甘菊精油制备的手工皂，可直接用于洗脸、沐浴或滋发，洗完后清爽而不干燥，且有很好的收缩毛孔、除尘祛痘等作用。加入精油纳微胶囊的洗衣液、消毒水，能在洗涤衣物的同时起到杀菌消毒的作用，并使洗净的衣服纤维上附着这些纳微胶囊而缓缓释放香味。

第四节　衣柜防虫

衣柜经常柜门紧闭，长期不穿的衣物会产生一股闷闷的味道，再加上一些不能经常换洗的西服、外套残留有体味和户外带回来的细菌，容易有发臭或发霉的现象。外面卖的防潮剂和防虫剂含多种化学成分，不宜与贴身衣物长期存放于一起，天然香料却有着独特的除臭和防虫双重功效，从而提高衣服和生活品质。将干燥的樟树叶轻揉后放入网目较粗的网子，放入衣柜的角落便会起到防虫的作用，比市面卖的防虫剂清香许多。此外，从古印度流传下来的替代樟脑丸的香蕉草也有驱虫的效果，使用时可以将其干燥后放入香薰包或装入芳香衣架，便会慢慢释放出香味，这种香包优点在于更换方便，香味可选性多样。

另一种方法是采用天然香料纳微胶囊进行织物加香整理，使得带有香味的胶囊通过孔径尺寸效应或是依靠绿色交联剂作用粘附在纺织品纤维上，在水洗的过程中不断破坏胶囊的壁材，令精油持久释放淡淡清香，衣柜保持味道清新干爽，自然不会招惹蚊虫。这是从根源上解决虫害的办法，同时利用功能性织物能促进人体健康，如茶树精油加入内衣或袜子中具有无可比拟的杀菌、除臭功效，而加有薰衣草精油的睡衣还能起到安神助眠的作用。

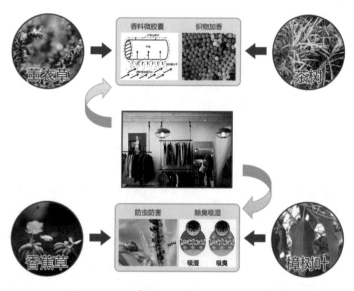

图 12-4-1　常见的衣柜防虫用天然香料

第五节　宠物精油

　　众所周知，精油对人们的身心健康有着许多妙不可言的功效。事实上，精油对于可爱的宠物们也是有很多作用的。下面简单介绍一下宠物精油的主要作用：

1. 去除宠物身上的跳蚤或其他寄生虫

宝贝宠物身上如若长了跳蚤或其他寄生虫，可将薰衣草或雪松精油直接滴加到一条干净的小毛巾上，慢慢搓揉匀开毛巾上的精油，再把毛巾来回塞入梳子齿间，最后用不添加任何物质的温水浸润梳子来清洗宠物身上的毛发即可，清洗过程中尽量多冲洗几次梳子。

2. 清洁伤口，加速愈合

可爱的小动物在戏耍时磕磕碰碰难免受伤，遇到擦伤或者割伤，切勿用生水直接冲洗伤口，若用加了薰衣草或者茶树精油的水溶液彻底清洗伤口，可以达到消毒杀菌、防止感染、加速伤口愈合的效果。精油是天然的消毒剂和抗生素，用于清洁伤口有很高的安全性，即便宠物不小心舔到伤口，也不至于食入其他药物或者细菌里的任何有害物质。

3. 芳香疗法改善宠物身心不适

同人类一样，宠物们也会生病，如果小动物有咳嗽、伤风、感冒等症状，这时候最适宜使用茶树、绿花白千层以及尤加利精油。使用方法如下：（1）以水为基础，生病之初切忌用过大剂量的精油，等有需要再慢慢提高浓度，将酒类溶解好的精油以水稀释到一定程度再涂抹于宠物的耳背、喉咙、肩膀、胸部、肋骨等部位轻轻按摩即可。（2）以油为基础，即在植物油中选择加入些许两种上述精油，连续使用，疗效快。而宠物的居所也是容易滋生细菌和病毒的地方，使用牛膝草和尤加利精油调配制成的精油水溶液或精油喷雾全方位消毒，为宠物们提供一个安心舒适的环境，也能帮助宠物治疗，缓解疾病不适。

  尽管宠物精油有着许多天然健康的效果，可宠物的身体构造毕竟和人类存在极大的差异，乱用或滥用精油不仅动物的体质不能很好地吸收，还可能造成宠物的敏感甚至中毒，故精油的用量及调配方式都需经过专业人士的指导，安全使用精油，关注宠物健康！

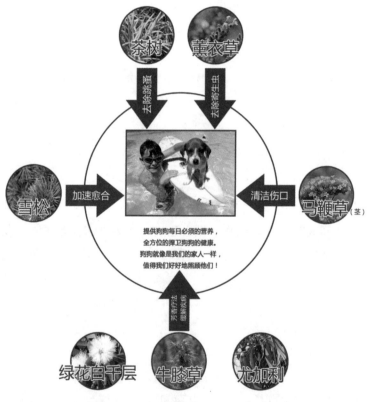

图 12-5-1　常见的宠物精油及功效

第十三章

相关生物质资源

　　大自然对人类的馈赠，除了天然香料，还有更加丰富的生物质资源，同样扮演着天然色素、天然抗氧化剂、天然防腐剂、各种油脂和天然功能性物质的角色……赋予我们活色生香的健康生活。

第一节　天然色素

天然色素主要来源于天然植物的根、茎、叶、花、果实和动物、微生物等部分，通过提取方法获得，可以食用的色素称为食用天然色素，提取于植物、微生物、动物材料的可食用部分。在食品中从添加量上看食用色素占的比例很小，一般为产品（饮料、酒类、糕点、糖果等）的千分之几、万分之几甚至是十万分之几。

根据来源的不同，天然色素分为三类：

植物色素：如绿叶中的11r绿素（绿色）、胡萝卜中的胡萝卜素(橙黄色)、番茄中的番茄红素(红色)等；

动物色素：如肌肉中的血红素（红色）、虾壳中的虾红素（红色）等；

微生物色素：如酱豆腐表面的红曲色素（红色）等。

天然色素还可以按化学结构分类，分为卟啉类衍生物、异戊二烯衍生物、多酚类衍生物、酮类衍生物、醌类衍生物以及其他等六大类。

植物来源色素：番茄色素（番茄红素）、类胡萝卜素类、天然胡萝卜素、辣椒红色素、天然苋菜红、藏红花色素、葡萄皮红、桑葚红、栀子黄色素、南瓜黄色素、沙棘黄、甜椒红色素、辣椒橙色素、密蒙黄色素、柑橘披黄色素、苜蓿色素、万寿菊色素、柑橘黄、枸杞色素、银杏黄色素、苦瓜色素、栀子绿色素、蒲公英色素、酸枣色等。

动物来源色素：胭脂虫红、紫胶红、鱼鳞箔、虾壳色素、龙虾红色素、蟹壳色素等。

微生物来源色素：红曲色素、红曲黄色素、红曲米、栀子蓝色素、栀子红色素、可可色素、法夫酵母色素、竹黄色素等。

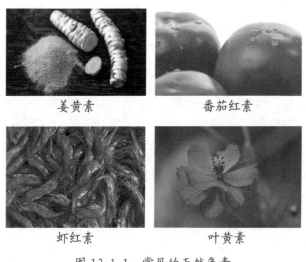

姜黄素　　　　　　　　番茄红素

虾红素　　　　　　　　叶黄素

图 13-1-1　常见的天然色素

类胡萝卜素是一类重要的天然色素的总称，普遍存在于动物、高等植物、真菌、藻类和细菌中的黄色、橙红色或红色的色素，其中主要是β-胡萝卜素和γ-胡萝卜素，因此而得名。

类胡萝卜素不溶于水，溶于脂肪和脂肪溶剂，亦称脂色素。自从19世纪初分离出胡萝卜素，至今已经发现600多种天然的类胡萝卜素。常见于食物中的类胡萝卜素有50～60种之多。

　　植物的类胡萝卜素存在于各种黄色质体或有色质体内，如秋季的黄叶、黄色花卉、黄色和红色的果实和黄色块根。动物的类胡萝卜素主要是脂肪、卵黄、羽毛和鱼鳞以及虾蟹的甲壳的色素。

　　根据其分子的组成，类胡萝卜素可分为含氧类胡萝卜素及不含氧类胡萝卜素两类。

　　含氧类胡萝卜素被称为叶黄素，如：类胡萝卜素酯和类胡萝卜素酸等；

　　不含氧类胡萝卜素被称为胡萝卜素或类胡萝卜素碳氢化合物。

图 13-1-2　含有番茄红素与叶黄素的常见植物

　　类胡萝卜素有良好的抗氧化作用，如植物中的类胡萝卜素的抗氧化作用甚至优于维生素E和维生素C，于是，类胡萝卜素被添加到非处方药中，还作为营养保健品在市场销售，因此，类胡萝卜素的产品市场规模进入了快速增长的通道。此外，类胡萝卜素作为饲料原料也占有较大的市场份额，原因是动物吃了含有类胡萝卜素的饲料后可以使皮毛光亮，并能改善肉、蛋的品质。

　　研究发现番茄红素和β-胡萝卜素能显著增加细胞间隙连接

的信号传递，在癌症的预防和治疗方面发挥重要作用；叶黄素和玉米黄质可预防老年性眼病，多摄入富含叶黄素和玉米黄质的绿叶蔬菜可降低患上黄斑退行性改变和白内障形成的风险；补充β-胡萝卜素可预防红细胞增多症引起的原卟啉症，避免暴露于可见光下导致皮肤瘙痒和烧灼感等皮肤光敏感性疾病。

　　类胡萝卜素的广泛应用促进了产业化的发展。目前，类胡萝卜素的生产方法主要有三种：一是从天然植物中提取；二是通过微生物发酵生产；三是大面积养殖盐藻获得。

第二节　天然抗氧化剂

　　天然抗氧化剂指的是从动物、植物或其他代谢物中提取出来的抗氧化成分，能帮助捕获并中和自由基，从而祛除自由基对人体损害的一类物质。天然抗氧化剂可以帮助人类预防心脏病和癌症等多种疾病，并能增进脑力，延缓衰老。

　　抗氧化剂还可作为食品添加剂，能防止或延缓食品氧化，提高食品的稳定性和延长贮存期。抗氧化剂的正确使用不仅可以延长食品的贮存期、货架期，给生产者带来良好的经济效益，也给消费者带来更安全的食品。常见的天然抗氧化剂有茶多酚、β-胡萝卜素、维生素E、迷迭香提取物等。

　　茶多酚是从茶叶中提取的多酚类物质的总称，茶多酚以黄烷醇类为主，黄烷醇类主要成分是儿茶素，占茶多酚总量60%～80%。儿茶素具有很强的供氢能力，能与脂肪酸中的游离基结合，从而中断脂肪酸的氧化连锁反应，起到抗氧化的效果。

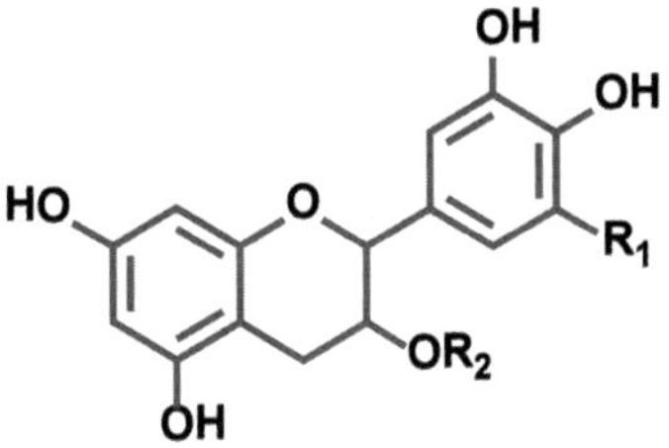

图 13-2-1　儿茶素的分子结构

β-胡萝卜素又称为维生素A原，是类胡萝卜素的一种，在人体内可以转化为维生素A，是维生素A的前身。人体所需的维生素A有 60%～70% 来自于β-胡萝卜素。β-胡萝卜素的抗氧化作用是基于它的特殊结构，它的分子中有多个共轭多烯双键，可以与含氧自由基发生不可逆性反应，生成非常稳定自由基，这种自由基可以迅速与氧发生化学反应，从而起到抗氧化作用。

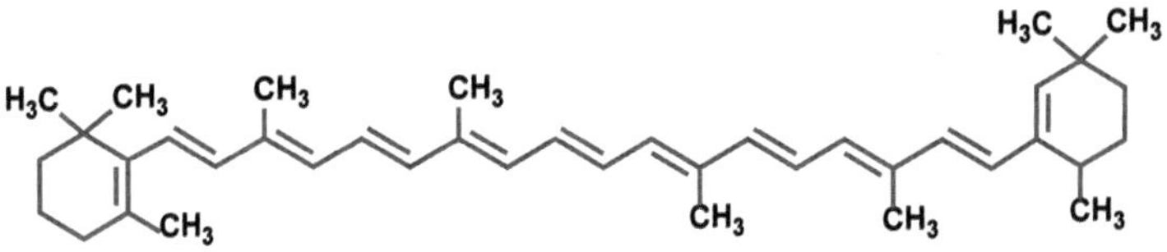

图 13-2-2　β-胡萝卜素的分子结构

维生素E又称生育酚，广泛地分布于粮食种子和各种植物油当中，不溶于水，溶于乙醇和脂肪，对氧敏感，是一种脂溶性天然抗氧化剂，可形成八种立体结构，这些结构体的生物学功能是不同的，其中α-生育酚的活性最高，分布最广且最具代表性。维生素E主要通过自身与自由基反应，来避免细胞膜受到自由基的伤害，达到抗氧化的功效。

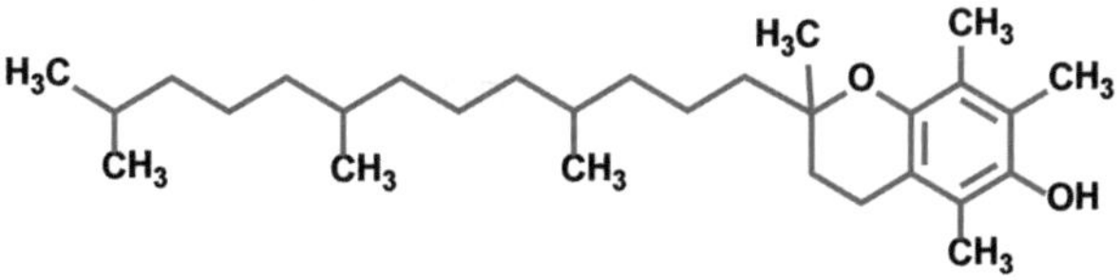

图 13-2-3　α-维生素 E 的分子结构

迷迭香提取物是一类混合物，具有抗氧化性质，提取于迷迭香的茎、叶中。迷迭香抗氧化剂被直接用于油脂中以防止油脂变质。双酚类二萜为迷迭香中油溶性高效抗氧化物质。

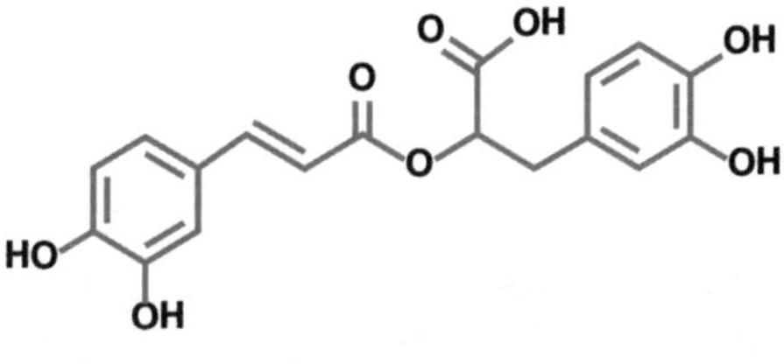

图 13-2-4　迷迭香酸的分子结构

第三节 天然防腐剂

现在各种食品中所使用的防腐剂一般都是合成防腐剂，要是超量使用的话对人体肯定是有害的，如果选择从自然界的天然植物中提取出天然防腐剂，那就能减少危害。

天然防腐剂是由生物体体内存在或分泌的具有抑菌作用的物质，经人工提取或者加工而成。此类防腐剂为天然物质，有的本身就是食品的组分，故对人体无毒害，并能增进食品的风味品质，因而具有良好发展前景。

人们开始从具有天然抗菌作用的香辛料包括大蒜、丁香、生姜、肉桂、肉豆蔻等中提取具防腐功能的有效成分。随着研究的深入，被揭示的天然抗菌物质越来越多。根据天然防腐剂的来源，将其分为三类，即植物、动物、微生物类的天然防腐剂。下面介绍几种常见的天然防腐剂。

1. 连翘提取物

连翘是木犀科连翘属植物，其抗菌成分主要是连翘酚。连翘提取物对多种革兰氏阳性菌、阴性菌均有抑制作用，可作为天然防腐剂用于食品保鲜，尤其适用于含水分较多的鲜鱼制品的保鲜，是一种较有希望的成本低而安全的新型食品防腐剂。在日本，连翘提取物早已作为一种天然防腐剂广泛应用于食品保鲜。

2. 壳聚糖

壳聚糖又称脱乙酰甲壳素，是由自然界广泛存在的几丁质如蟹虾、昆虫等甲壳质经过脱乙酰作用得到的多糖类物质。壳聚糖在弱酸溶剂中易于溶解，特别值得指出的是溶解后的溶液中含有氨基（NH_2^+），这些氨基通过结合负电子可抑制细菌。壳聚糖对大肠杆菌、普通变形杆菌、枯草杆菌、金黄色葡萄球菌均有较强的抑制作用，使其在医药、纺织和食品等领域有着广泛的应用。

3. 鱼精蛋白

鱼精蛋白是在鱼类精子细胞中发现的一种细小而简单的含高精氨酸的碱性蛋白质，在中性和碱性介质中显示出很强的抑菌能力，并有较高的热稳定性，在210℃条件下加热1小时仍具有活性。鱼精蛋白的抑菌范围和食品防腐范围均较广，对枯草杆菌、地衣型芽孢杆菌、巨大芽孢杆菌、凝固芽孢杆菌、干酪乳杆菌、胚芽乳杆菌、粪链球菌等均有较强抑制作用，但对革兰氏阴性细菌抑制效果不明显。广泛应用于面包、蛋糕、菜肴制品(调理菜)、水产品、豆沙馅、调味料等的防腐中。

4. 溶菌酶

溶菌酶又称胞壁质酶，能选择性地分解微生物的细胞壁，在细胞内对吞噬后的病原菌起破坏作用从而抑制微生物的繁殖。溶菌酶还可与带负电荷的病毒蛋白直接结合，使病毒失活，因此具有抗菌、消炎、抗病毒等作用。

5. 乳酸链球菌素

乳酸链球菌素是乳酸链球菌产生的一种多肽物质，可抑制大多数革兰氏阳性细菌，并对芽孢杆菌的孢子有强烈的抑制作用，因此被作为食品防腐剂广泛应用于食品行业。乳酸链球菌于1969年被联合国粮食及农业组织／世界卫生组织(FAL／WHO)食品添加剂联合专家委员会确认可作为食品防腐剂，现已广泛应用于乳制品、罐头制品、鱼类制品和酒精饮料中。

第四节　不饱和脂肪酸

　　不饱和脂肪酸是指其化学结构中含有18～22个碳原子的碳链长度，并且排列为直链状，同时直链结构中含有双键的脂肪酸，根据双键的个数分单不饱和脂肪酸（只有一个双键）和多不饱和脂肪酸（两个或两个以上的双键），根据双键的位置及功能又将多不饱和脂肪酸分为ω-6系列和ω-3系列，主要存在于动植物油脂中。

　　单不饱和脂肪酸中最有代表性脂肪酸为油酸，是一种重要的天然物质，油酸的化学名为9-十八碳烯酸，是脂肪酸中常见且重要的一种烯酸，占天然脂肪酸总含量的50%以上，有保护心脏、降血糖、调节血脂、降低胆固醇、防止记忆力下降的功效，被广泛用于食品与医药工业中。

　　多不饱和脂肪酸主要有亚油酸、亚麻酸、二十二碳六烯酸(DHA)、二十碳五烯酸(EPA)。

　　亚油酸为无色油状液体，主要存在于植物油脂中，一般植物油脂含有30%以上的亚油酸。其中亚油酸含量较高的有葵花籽油、红花籽油、核桃油，此外玉米油、棉籽油、燕麦油、芝麻油、大豆油、月见草油中都含有较多的亚油酸。亚油酸是人体必需的脂肪酸，也是维持生命的重要物质，亚油酸还能与胆固醇酯化，从而降低体内血清、肝脏及血液中胆固醇的作用，防止动脉粥样硬化和动脉血栓的形成。

表 13-4-1　常见食物中脂肪酸含量

食物来源	饱和脂肪酸	单不饱和脂肪酸	多不饱和脂肪酸	多不饱和脂肪酸
	（%）	ω-9 脂肪酸	ω-6 脂肪酸	ω-3 脂肪酸
杏仁	6	64	30	-
玉米	6	60	24	10
菜籽	13	27	60	-
新鲜亚麻籽	9	16	18	57
葡萄籽油	12	17	71	-
橄榄油	10	82	8	-
花生	19	51	30	-
南瓜子	9	34	42	15
红瓜子	8	13	79	-
芝麻	13	46	41	-
土豆	14	28	50	8
葵花籽	12	19	69	-
核桃	16	28	51	5

亚麻酸是含有三个双键的多元不饱和脂肪酸，由于双键的原因，很容易被氧化，根据双键的位置分为α-亚麻酸和γ-亚麻酸。营养学界公认，如果婴幼儿、青少年成长期间长期缺乏亚麻酸，会严重影响其智力的正常发育。α-亚麻酸是一种ω-3系列的必需脂肪酸，必须从体外摄取，亚麻籽油、胡桃仁油的α-亚麻酸含量较高。月见草是目前γ-亚麻酸的主要来源。

二十二碳六烯酸(DHA)、二十碳五烯酸(EPA)是两种多不饱和脂肪酸，主要来源于海洋生物中，比如鱼类、虾类、海藻类，特别是海洋哺乳类动物和高脂类鱼中，DHA和EPA的含量

天然香料健康图典

非常高。

　　DHA对神经系统有重要的功能，具有健脑、预防老年痴呆、提高记忆力和视力的功能，尤其对促进胎儿智力发育和脑细胞生长有着重要的作用，还有提高免疫力、增强抗过敏的功能。

　　EPA具有帮助降低胆固醇和甘油三酯含量的作用，促进体内饱和脂肪酸代谢，从而起到降低血液黏稠度，增进血液循环，提高组织供氧而消除疲劳。

鱼肉　　　　　　　　　　坚果

图 13-4-1　常见的富含不饱和脂肪酸的食材

第五节　食用植物油

　　植物油广泛分布于自然界中，是从植物的果实、种子、胚芽中提取所得的油脂，由脂肪酸和甘油化合而成的天然化合物。植物油是以富含油脂的植物种仁为原料，经清理除杂、脱壳、破碎、软化、轧坯、挤压膨化等预处理后，再采用机械压榨或溶剂浸出法提取获得粗油，再经精炼后获得。

食用植物油是指在制作食品过程中使用的植物油，常温下为液态，根据植物原料来源的不同，常见的食用植物油包括：粟米油、花生油、火麻油、玉米油、橄榄油、山茶油、棕榈油、芥花子油、葵花籽油、大豆油、芝麻油、亚麻籽油（胡麻油）、葡萄籽油、核桃油、牡丹籽油等。

我国食用植物油质量标准体系规定，根据油料品种、质量以及与之相适应的加工工艺，确定植物油的质量等级，市场上的一般食用植物油（橄榄油和特种油脂除外）共分为一级、二级、三级和四级等四个等级：大豆油、菜籽油、棉籽油、米糠油、玉米油、葵花籽油、浸出花生油、浸出油茶籽油等分为一到四级，而压榨花生油、压榨油茶籽油、芝麻油等则只有一级和二级之分。

橄榄油　　　　　　　葵花籽油　　　　　　　花生油

芝麻油　　　　　　　蓖麻籽油　　　　　　　菜籽油

图 13-5-1　常见的食用植物油

食用植物油的质量从分析检测的角度有三个重要的指标，而一、二级大豆油要求不得检出。

①过氧化值：《食用植物油卫生标准》规定过氧化值应小于0.25 g/100 g。

②酸价：《食用植物油卫生标准》规定酸价应小于 3 mg/g。

③浸出油溶剂残留：《食用植物油卫生标准》规定应小于 50 mg/kg。

第六节　其他功能油脂

其他功能性油（脂）是指具有特殊生理功能、对人体有一定保健功能、药用功能，并对人体一些相应缺乏症和内源性疾病有积极防治作用的一大类脂溶性物质。常见的有卵磷脂、小麦胚芽油、米糠油、玉米胚芽油、红花籽油、月见草油、深海鱼油。

卵磷脂属于一种混合物，是存在于动植物组织以及卵黄之中的一组黄褐色的油脂性物质。其构成成分包括磷酸、胆碱、脂肪酸、甘油、糖脂、甘油三酸酯以及磷脂。卵磷脂被誉为与蛋白质、维生素并列的"第三营养素"。卵磷脂能保护肝脏，健康心脏，清洁血管、调整血糖，有益大脑和神经发育的功效，并且可以养颜润肤、延缓衰老、调剂心理。

小麦胚芽油是以小麦芽为原料制取的一种谷物胚芽油，它集中了小麦的营养精华，富亚油酸、亚麻酸、含维生素E、甘八碳醇及多种生理活性组分，含多达80%的不饱和脂肪酸，其中亚油酸质量分数在50%以上，油酸为12%～28%，此外其维生素E含量较高，是宝贵的功能食品，具有很高的营养价值。小麦胚芽油还含有二十三、二十五、二十六和二十八烷醇，这些高级醇特别是二十八烷醇对降低血液中胆固醇、增加爆发力和耐力、减轻肌肉疲劳等均有一定的功效。

图 13-6-1 小麦胚芽油

米糠油是从米糠中提取的，含有75%～80%的不饱和脂肪酸，其中油酸为40%～50%，亚油酸为29%～42%，亚麻酸为1%。米糠油中维生素E含量也较高，还含有一定数量的谷维素。

玉米中脂肪的80%以上存在于玉米胚芽中，从玉米胚芽中提取的玉米胚芽油是一种多功能的营养保健油，它含有丰富的多不饱和脂肪酸和维生素E、β-胡萝卜素等营养成分，对降低血清胆固醇，预防和治疗心脏病、高血压、动脉硬化及糖尿病具有特殊的功能。

图 13-6-2　米糠油

红花籽油是从红花籽中提取的，亚油酸质量分数高达75%～78%。另外还含有油酸10%～15%，α-亚麻酸2%～3%等。研究表明，红花籽油不仅能明显降低血清胆固醇和甘油三酯水平，且对防

图 13-6-3　玉米油

治动脉粥样硬化有较明显的效果。

月见草油是从月见草籽中提取的，含90%以上的不饱和脂肪酸，其中73%左右为亚油酸，5%～15%为γ-亚麻酸。含γ-亚麻酸的功能性食品，已成为婴幼儿、老年人和恢复期病人使用的营养滋补品。

深海鱼油主要存在于深海洄游的鱼类脂肪中，主要含DHA和EPA，因两者往往同时存在，故深海鱼油制品也是两者的混合物。如沙丁鱼脂肪中DHA可达20%，EPA可达8%左右，深海鱼油的主要功能是降血脂。

图 13-6-4　月见草油

图 13-6-5　深海鱼油

第七节　热敏性功能成分

　　热敏性成分是指其化学性质不稳定、遇热容易分解或者与其他物质发生化学反应而变性的成分。功能活性成分是指对人类以及各种生物具有生理活性促进作用，如萜类化合物、黄酮类化合物、生物碱、甾体类化合物等，这些功能活性成分中大多数物质都属于热不稳定性成分。

　　萜类化合物是指具有$(C_5H_8)_n$通式以及含氧与不同饱和程度的衍生物，可以看成是由异戊二烯或异戊烷以各种方式连接而成的一类天然化合物。萜类化合物广泛存在于自然界，是构成某些植物的香精、树脂、色素等的主要成分。玫瑰油、桉叶油、松脂等都含有多种萜类化合物。另外，某些动物的激素、维生素等也属于萜类化合物。萜类化合物有许多的生理活性，如祛痰、止咳、驱风、发汗、驱虫、镇痛。

　　黄酮类化合物广泛存在于植物体内，大部分与糖结合成苷类（黄酮苷），有部分以游离形式存在，称游离黄酮或黄酮苷元，同一植物体中可能会同时有游离黄酮和黄酮苷存在。黄酮类化合物泛指两个苯环通过碳原子相互连接而成的一系列化合物总称。

　　天然黄酮类化合物多显黄色，黄酮类化合物分类如下：

　　黄酮和黄酮醇；二氢黄酮和二氢黄酮醇；异黄酮；二氢异黄酮；查耳酮；二氢查耳酮；橙酮；花色素和黄烷醇类；其他黄酮类。

　　许多黄酮类成分具有止咳、祛痰、平喘、抗菌、护肝、治疗急慢性肝炎与肝硬化的功效。

生物碱是主要存在于自然界中的一类含氮的碱性有机化合物，不包括维生素、氨基酸、肽类，氨基糖、蛋白质、核酸、核苷酸等，生物碱的分布多集中在植物体的某一器官。

植物体内生物碱含量差别很大，但一般都低于1%，同一植物体内的生物碱，往往是多种生物碱共存，而且母核结构相似。生物碱按其植物来源可分为茄科生物碱、毛茛科生物碱、百合科生物碱、罂粟科生物碱等。按其生理作用可分为降压生物碱、驱虫生物碱、镇痛生物碱、抗疟生物碱等；按其性质可分为挥发碱、酚性碱、弱碱、强碱、水溶碱、季铵碱等。多数生物碱具有显著的生理活性，如黄连中的小檗碱（黄连素）具有抗菌消炎作用；罗芙木中的利血平具有降压作用；长春花中的长春新碱具有抗癌活性；罂粟中的吗啡具有镇痛作用；包公藤中的包公藤甲素具有缩小瞳孔、降低眼压的作用，可用以治疗青光眼。

甾体类化合物几乎存在于所有生物中，是生物膜的重要组成部分，具有重要的生理作用，在医药方面有广泛应用。甾体化合物一般有甾醇、胆甾酸、甾体激素、强心苷、甾体皂苷。

甾醇有植物甾醇和动物甾醇。

胆甾酸又称胆固醇，包括胆酸、脱氧胆酸、鹅胆酸、石胆酸。

甾体激素也称类固醇激素，具有极重要的医药价值。在维持生命、调节性功能，对机体发展、免疫调节、皮肤疾病治疗及生育控制方面有明确的作用。甾体激素分为肾上腺皮质激素和性激素。

强心苷存在于植物中具有强心作用的甾体苷类化合物，对心脏有显著生理活性的甾体苷类，是治疗心力衰竭不可缺少的重要药物。

　　甾体皂苷是植物中一类重要的生物活性物质，常用中药知母、天门冬、麦门冬、七叶一枝花等都含有大量甾体皂苷。甾体皂苷具有广泛的药理作用和重要的生物活性，如抗肿瘤、抗真菌、防治心血管疾病、降血糖、免疫调节等。

第十四章

天然香料的研发：
以中山大学精细化工
研究院为例

前面十三章完整地介绍了什么是天然香料、如何分离获得天然香料、怎么判断是天然香料、如何使用天然香料、天然香料有什么功效，以及在日化、食品、医药、烟草和家居生活等方面的应用。我国在香料行业尚处在价值链的低中端，目前国内高端香料产品近90%被国际知名企业所垄断。

如何做强香料产业，提升香料产品的质量？如何让香料产品处在价值链的中高端？相信这是行内人士一直苦苦思索并努力探求解决的问题。笔者以中山大学精细化工研究院所开展的天然香料相关研究为例，一则是介绍笔者所带领团队向这一方向的探索历程，二则是期望开展研发的思路能给同行提供参考。

我们先看看行业的问题在哪里？

第一节　行业不足

以香料香精化妆品行业为例，笔者认为我国的香料香精化妆品行业须迫切发展关键基础研究、关键中间体材料、先进基础工艺和相应的技术支持等四个方面的工作。在关键基础研究方面，目前国内关注这个行业的基础研究人员太少，基本上停留在工艺性的研发，缺乏从分子、基团等方面的研发新思路；

虽然国家在新材料方面投入了大量的人力物力和财力，但作为香料香精化妆品中关键中间体材料并没有被涉及，支撑我国香料香精化妆品行业的关键中间体材料存在竞争力品种少、功效性能不突出的问题，这也是我国该行业大而不强，停留在低中端的核心原因；在先进基础工艺方面，没有形成有效的能控制产品质量和功效的过程控制技术与方法，导致某些产品相应的质量和功效未能最大程度地被表达出来；在相应的技术支持方面，由于该类产品贴近生活，更加注重与使用者的匹配，而我国显然还没有建立起完善的技术支持队伍。

第二节　全产业链的顶层设计

以芳香植物为例，芳香植物的开发在我国开展了几十年，但一直没有形成较大的气候，这个行业的相关企业总是做不大，更不要说做强了。笔者认为要基于芳香植物的全产业链设计才有可能打破一直"不大不强"的局面，全面提供该行业的附加值和抗风险能力。基于此，提出芳香植物开发的全产业链图。

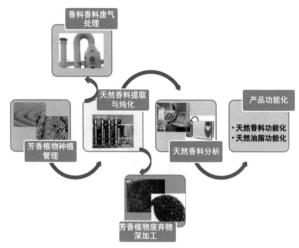

图 14-2-1　芳香植物开发的全产业链图

　　下面仅对其中的提取与纯化、功能化及综合利用等方面以点带面进行简介。

第三节　提取与纯化

　　针对天然香料热敏性的特点，中山大学精细化工研究院在改进、强化传统分离技术的同时，积极开发包结分离、强化精馏、耦合精馏及系列新型分离技术，通过集成应用各类分离单元、自动控制、模拟和匹配等技术，以在较低温度下实现热敏性物料低能耗高效分离为主要目标，研究开发具有自主知识产权的分离技术及装备，提高了分离效率，还降低了能耗成本。

图 14-3-1　提取浓缩设备

图 14-3-2　自行设计的分子蒸馏与精馏耦合中试设备

图 14-3-3　超临界萃取中试设备

第四节　纳微胶囊

　　随着人们生活水平大大提高，消费观念也在不断改变，芳香产品越来越受到大众的欢迎。目前国内对天然香料的利用主要停留于天然香料的提取加工，由于天然香料在贮藏过程中的香味和香气容易随着时间的延长而发生变化、减退甚至流失。天然香料纳微胶囊技术，是以纳微胶囊技术用于天然香料的深加工，以提高天然香料的高附加值及拓宽天然香料的应用领域。天然香料纳微胶囊化，可以解决天然香料的贮藏、氧化、留香等问题。天然香料的纳微胶囊化将有力地促进纺织、日化、医药、保健、食品、造纸等行业的发展，此外，该技术的发展还将有力地促进天然香料种植业发展，由此带动天然香料精深加工的发展。因此，天然香料纳微胶囊技术对经济效益及社会效益都将产生积极的作用。

研究院借助过程分析技术、高速摄像显微仪检测手段和可控制备装置，生产出油溶性、水溶性、固体粉末、液体乳液等多款纳微胶囊产品，为关键中间体材料的开发添砖加瓦。

天然香料纳微胶囊中间体，目前已经应用在研究院研发的日化产品上，下图即为添加了天然香料微胶囊的冷制皂粒。

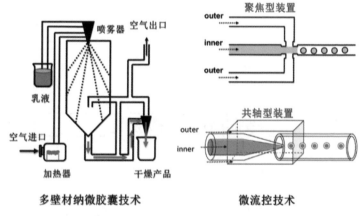

图 14-4-1　天然香料纳微胶囊制备方法

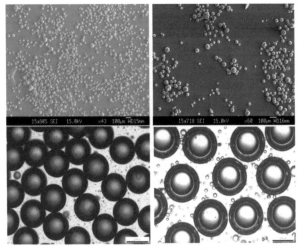

图 14-4-2　天然香料纳微胶囊表面形貌

图 14-4-3　天然香料微胶囊冷制皂粒

第五节 综合利用

　　山茶是典型的芳香植物，分布广泛，除了用作观赏植物外，山茶油的食用价值和药用价值吸引了众多关注。然而，单纯山茶油的开发和利用是无法满足对山茶的综合资源化利用的，也是对该植物资源的浪费。山茶花不但含有大量的营养成分如蛋白质和多糖，还含有丰富的活性物质如茶多酚、茶多糖，这些活性物质具有解毒、降脂、降糖、滋补、养颜、抗衰老、抗肿瘤及增强免疫力等多种功效。因而，山茶花在饮料、食品、药品及营养保健品方面具有较高的开发价值；山茶果壳占鲜果总重的60%以上，其中含有大量的C和H元素，可以对其进行深加工，获得各种功能性的化学品或者活性材料；山茶种仁提取山茶油后得到的茶粕除含残油外，还含有蛋白质、多糖类物质、茶皂素、多酚、生物碱和单宁等功能成分。因此，山茶全身是宝，对其进行全组分资源化利用既可以获得各种功能性产品，还可以实现资源高效利用，提高该产业的抗风险能力。基于此，针对山茶全组分资源化利用的开发示意如下图。通过对山茶花、山茶果的综合利用，最终实现对山茶植物的全组分资源化利用，同时也为山茶企业提供全方位开发和利用的思路。

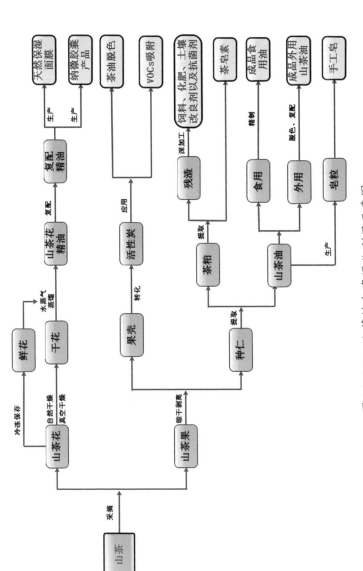

图 14-5-1 山茶综合资源化利用示意图

附录

附录1　常见精油指南

1. 安息香

英文名	拉丁文名	家族科别
Benzoin	Styrax benzoin	安息香科 Styracaceae
精油外观	金黄棕色脂状液体	
香味	类巧克力甜树脂味	
适宜调配的精油	乳香、杜松、茉莉、没药、玫瑰、檀香木等	

地理分布：多数生长于东南亚、地中海、意大利和法国的普罗旺斯等地。

萃取方式：首先以苯萃取出天然安息香树脂中的香脂后，再采用蒸汽蒸馏法除去苯，以获得纯的安息香精油。

特性成分：安息香酸、肉桂酸、苯甲醛、香草醛、苯甲酸苄酯等。

生理疗效：风湿、关节炎、气喘、支气管炎、感冒咳嗽、肠胃炎、皮肤干裂、伤口愈合等。

心理疗效：焦虑、忧虑、精神紧

张、压力、缺乏自信、缺乏安全感、坐立难安、感情失控、忧伤、孤独等。

注意事项：可能导致部分个体过敏，需低剂量使用。

2. 佛手柑

英文名	拉丁文名	家族科别
Bergamot	Citrus bergamia	芸香科 Rutaceae
精油外观	黄绿色液体	
香味	清新、细腻、带着花香的柑橘味	
适宜调配的精油	柏树、茉莉、杜松、薰衣草、柠檬、苦橙花、香水树等	

地理分布：主要生长于意大利南部、西西里岛以及象牙海岸等地。

萃取方式：以冷压法萃取成熟佛手柑的新鲜外皮。

特性成分：醛、单萜烯、单萜醇、酯、呋喃香豆素等。

生理疗效：痤疮、红肿、膀胱炎、溃疡、伤风感冒、湿疹、胀气、伤口溃烂等。

心理疗效：焦虑、忧郁、神经衰弱、缺乏自信，以及压力引起的生理症状等。

注意事项：应购买具有“CF”字样的产品，即已经去除呋喃香豆素成分的佛手柑精油。

3. 罗马洋甘菊

英文名	拉丁文名	家族科别
Roman Chamomile	Chamaemelum nobile	菊科 Asteraceae
精油外观	亮蓝色液体，接触空气后会转变为黄色	
香味	带有强烈青草香的水果味	
适宜调配的精油	佛手柑、柏树、天竺葵、薰衣草、柠檬、橙花、马乔莲、玫瑰、广藿香、香水树等	

地理分布：多数生长于比利时、保加利亚、英国、法国、匈牙利、意大利等地。

萃取方式：用蒸汽蒸馏法自成熟的黄色花朵中取得精油。

特性成分：小茴香醛、天蓝烃、甲基酪氨酸等。

生理疗效：粉刺、过敏、闭经、食欲不振、烧伤、冻疮、皮肤病、消化不良、湿疹、肌肉酸痛、月经问题、神经痛、风湿痛、眩晕等。

心理疗效：失眠、生气、忧虑、恐惧、歇斯底里、易怒、忧郁、过于活跃、敏感、精神紧张、易哭、过度忧虑等。

注意事项：宜低浓度使用，怀孕前12周的孕妇禁止使用。

4. 德国洋甘菊

英文名	拉丁文名	家族科别
Geman Chamomile	Matricaria recutita	菊科 Asteraceae
精油外观	深蓝色、黏稠的液体	
香味	强烈、温暖的草本甜香味	
适宜调配的精油	佛手柑、柏树、天竺葵、薰衣草、柠檬、橙花、马乔莲、玫瑰、广藿香、香水树等	

地理分布：多数生长于埃及、东欧国家等地。

萃取方式：采用蒸汽蒸馏法从黄色的花朵中取得精油。

特性成分：小茴香醛、天蓝烃等。

生理疗效：粉刺、过敏、闭经、食欲不振、烧伤、冻疮、皮肤病、消化不良、湿疹、肌肉酸痛、月经问题、神经痛、风湿痛、眩晕等。

心理疗效：压力、焦虑、愤怒情绪、情绪紧绷、挫折，因为情绪而引起的皮肤炎症，如荨麻疹、带状疱疹、瘙痒红疹等。

注意事项：建议低浓度下使用，怀孕前12周的孕妇禁止使用。

5. 香茅

英文名	拉丁文名	家族科别
Citronella	Cymbopogon nardus	禾本科 Poaceae
精油外观	淡黄棕色液体	
香味	非常新鲜、强烈而清新的柠檬味	
适宜调配的精油	柑橘属植物、天竺葵、薰衣草、香水树等	

地理分布：主要生长于斯里兰卡。

萃取方式：以水蒸气蒸馏法从新鲜的、半干的或完全干燥的整株青草中萃取。

特性成分：香茅醛、牻牛儿醇、香茅醇、柠檬醛、香茅烯等。

生理疗效：感冒、盗汗、多汗症、头痛、神经痛、痤疮、皮肤感染等。

心理疗效：身心疲惫、神经衰弱等。

注意事项：无毒性、无光毒性记录。

6. 快乐鼠尾草

英文名	拉丁文名	家族科别
Clary Sage	Salvia sclarea	唇形科 Labiatae
精油外观	淡黄绿色近无色液体	
香味	具有迷幻气味的甜青草味	
适宜调配的精油	丝柏、柑橘属植物、天竺葵、茉莉、杉木、檀香木等	

地理分布：多数生长于摩洛哥、俄罗斯、美国、法国等地。

萃取方式：以水蒸气蒸馏法提取鼠尾草的花朵及叶片。

特性成分：洋苏草醇、洋苏草酮、桉油醇、沉香醇、芫荽酯、丁香油烃等。

生理疗效：痤疮、气喘、腹部绞痛、抽筋、高血压、产痛、偏头痛、前更年期、月经量少、月经不顺、肌肉酸痛、虚寒等。

心理疗效：身心疲惫、多动症、幽闭恐惧症、罪恶感、喜怒无常、惊恐、偏执狂、精神错乱、内疚、压抑（生育后、月经前和更年期）等。

注意事项：使用了鼠尾草精油后禁止喝酒，孕妇禁止使用。

7. 尤加利

英文名	拉丁文名	家族科别
Eucalyptus	Eucalyptus globulus	桃金娘科 Myrtaceae
精油外观	淡黄色液体	
香味	清新、强烈、刺鼻、带着樟脑气味的药味	
适宜调配的精油	安息香、丝柏、薰衣草、柠檬、马乔莲、杉木、迷迭香、百里香等	

地理分布：多数生长于澳大利亚、中国、西班牙、葡萄牙、巴西、非洲等地。

萃取方式：采用蒸汽蒸馏法从新鲜或半干的叶片以及初生的嫩枝中取得。

特性成分：香茅醛、桉油醇、茴香萜、水茴香萜、松油萜等。

生理疗效：烧伤、水泡、细菌引起的皮肤炎、水痘、糖尿病、头痛、蚊虫叮咬、偏头痛、神经痛、病毒感染、耳炎等。

心理疗效：过度波动的情绪、易燥易怒、精神不振、思维混乱、精神极度兴奋，也有助于解决上瘾、悲痛、内疚、孤独、喜怒无常、愤怒等。

注意事项：蓝桉树品种的桉树对孩童有刺激性，12岁以下的孩童最好使用柠檬气味的桉树品种。

8. 甜茴香

英文名	拉丁文名	家族科别
Fennel	Foeniculum vulgare	伞形花科 Apiaceae/Umbelliferae
精油外观	淡黄色液体	
香味	香甜、温热、带有青草香的辛香气味	
适宜调配的精油	天竺葵、薰衣草、玫瑰、檀香木等	

地理分布：多数生长于欧洲南部及地中海地区、法国、西班牙、阿根廷、捷克等地。

萃取方式：采用蒸汽蒸馏法从其压碎的种子中取得精油。

特性成分：反式-茴香脑、爱草脑、小茴香酮、柠檬烯等。

生理疗效：消化不良、月经不调、气喘、支气管炎、瘀伤、蜂窝织炎、胃胀气、胃痛、尿道发炎、便秘、风湿病等。

心理疗效：厌倦、情绪不稳定、情绪障碍、害怕失败、充满敌意、适应能力差、缺乏自信、缺乏创造力、精神虚弱、感觉负担过重等。

注意事项：孕妇、癫痫患者禁止使用，高剂量情况下使用会有轻微神经性毒性，绝对不可用苦茴香所萃取的、含有毒性的精油。

9. 乳香

英文名	拉丁文名	家族科别
Frankincense	Boswellia carteri	橄榄科 Burseraceae
精油外观	淡黄色近黄棕色液体	
香味	香辣、温暖、带着些干柠檬的树脂味	
适宜调配的精油	紫苏、佛手柑、欧薄荷、柑橘属植物、天竺葵、薰衣草、没药、杉木、檀香木等	

地理分布：多数生长于索马里、埃塞俄比亚、中国及阿拉伯南部等。

萃取方式：采用蒸汽蒸馏法从结成硬块的油性树脂中取得。

特性成分：杜松烯、樟烯、苦艾萜、松油萜、松酯、水茴香萜、乳香醇等。

生理疗效：气喘、支气管炎、镇定紧张时的呼吸急促症状、咳嗽、水泡、痛经、流行性感冒、子宫出血（非经期出血）、护肤（斑点、干燥老化、皱纹、伤疤）、外伤、溃疡等。

心理疗效：愤怒、精神紧张、沉溺于过去而无法面对现实、惊恐、压力、丧失亲人、恐惧、偏执狂等。

注意事项：无毒性报告。

10. 天竺葵

英文名	拉丁文名	家族科别
Geranium	Pelargonium graveolens	牻牛儿科 Geraniaceae
精油外观	淡橄榄绿色液体	
香味	香气中带着些许玫瑰和绿薄荷的花香味	
适宜调配的精油	紫苏、柑橘属植物、茉莉、杜松、薰衣草、苦橙、广藿香、檀香木	

地理分布：多数生长于印度、阿拉伯、中国、埃及等地。

萃取方式：以水蒸气蒸馏自花朵、叶片及茎干中取得精油。

特性成分：玫瑰醇、香茅醇、甲酸香叶酯、方樟醇、7-二氢香味醇、香茅醛、榄香醇等。

生理疗效：蜂窝织炎、痔疮、月经症状、神经痛、喉咙痛、扁桃腺炎、皮肤问题（粉刺、瘀伤、烧伤、发红、湿疹），可有效调节女性荷尔蒙分泌功能。

心理疗效：压力、情绪不稳定（尤其和荷尔蒙分泌不平衡有关）、缺乏自信、焦躁、忧郁等。

注意事项：孕妇禁止使用。

11. 生姜

英文名	拉丁文名	家族科别
Ginger	Zingiber officinale	姜科 Zingiberaceae
精油外观	淡黄色或绿色液体	
香味	温热、辛辣的木香	
适宜调配的精油	柑橘属植物、乳香、苦橙、广藿香、玫瑰、紫檀、檀香木等	

地理分布：多数生长于中国、日本、印度、尼日利亚及牙买加等地。

萃取方式：采用蒸馏法从带皮的地下井中取得精油。

特性成分：α-姜烯、β-红没药烯、芳基-姜黄烯、α-法呢、β-倍半水芹烯、橙花醛、桉树脑、里哪醇、香茅醇乙酸酯、龙脑、香叶醛和牻牛儿醇等。

生理疗效：关节炎、鼻塞、充血、咳嗽、感冒、腹泻、消化不良、病后身体虚弱、阳痿、食欲不振、肌肉酸痛、恶心、风湿病、扭伤及拉伤、晕机/车/船等。

心理疗效：筋疲力尽、冷淡、情绪低迷、孤独和悲伤等。

注意事项：最安全的稀释浓度为0.1%，高浓度使用时有轻微毒性；决不可将精油直接抹在皮肤上。

12. 葡萄柚

英文名	拉丁文名	家族科别
Grapefruit	Citrus paradisi	芸香科 Rutaceae
精油外观	黄绿色液体	
香味	甘甜、清新的柑橘香味	
适宜调配的精油	佛手柑、柏树、天竺葵、薰衣草、柠檬、迷迭香、掌形玫瑰、辛香类植物精油等	

地理分布：主要生长于美国加利福尼亚州。

萃取方式：以冷压法自其新鲜果皮中取得精油。

特性成分：松萜或蒎烯、桧烯、月桂烯、柠檬油精、牻牛儿醇、芳樟醇、香茅醛、乙酸葵酯、萜品烯或松油烯等。

生理疗效：促进血液循环、净化血液，利尿排毒燃脂，缓解头痛经痛，促进消化，帮助排除胆结石，养肝，提亮肤色，增加皮肤弹性，美白保湿等。

心理疗效：抗沮丧抑郁，缓解疲劳，愉悦身心，治疗季节性情绪失控，增强自信等。

注意事项：易氧化，需避光低温储存；有光敏作用，使用后避免长时间暴露在日光下；使用剂量不要太高，避免引起皮肤不适。

13. 茉莉

英文名	拉丁文名	家族科别
Jasmine	Jasminum grandiflorum	木樨科 Oleaceae
精油外观	红棕色粘稠的液体	
香味	浓烈的花香味	
适宜调配的精油	大部分的精油都可与之调配，尤其是柑橘属植物	

地理分布：多数生长于伊朗、埃及、土耳其、摩洛哥、阿尔及利亚、突尼斯，以及西班牙、法国、意大利等地中海沿岸国家和东南亚各国等地。

萃取方式：早期的茉莉精油以香脂吸附法萃取制作，现在的茉莉精油主要是以溶剂萃取法从其花朵中提取。

特性成分：乙酸苄酯、芳樟醇、苯甲基乙醇、吲哚、茉莉酮、牻牛儿醇、甲基(邻)氨基苯甲酸酯、法呢醇、乙烯基安息香酯、丁子香酚、橙花醇、安息香醛、萜品醇、橙花油、叶绿醇等。

生理疗效：黏液性黏膜炎、咳嗽、经痛、声音沙哑、月经不调、产痛、胃痉挛、护肤等。

心理疗效：缺乏自信、悲观、自卑心理、压力、忧郁、情绪性冷淡，调节情绪减轻产后抑郁等。

注意事项：稀释至浓度约1%时使用，孕妇禁止使用。

14. 杜松

英文名	拉丁文名	家族科别
Juniper	Juniperus communis	柏科 Cupressaceae
精油外观	鲜黄或淡黄色液体	
香味	清新、带点甜酸的木材味	
适宜调配的精油	安息香、佛手柑、鼠尾草、柏树、薰衣草、柠檬、檀香木	

地理分布：多数生长于塞尔维亚和黑山、意大利、法国、加拿大、奥地利、捷克以及中国东北等地。

萃取方式：以水蒸气蒸馏法从干燥的成熟果实中萃取出精油。

特性成分：龙脑、松油醇、杜松萜烯、雪松烯、樟烯、杨梅烯、松油萜、桧烯等。

生理疗效：痤疮、闭经（非怀孕前）、脂肪肝、白带、肺炎、外伤利尿、解毒等。

心理疗效：解决上瘾、自卑、没有价值感、情绪空虚、内疚、恐惧等问题。

注意事项：肾脏发炎的患者禁止使用，孕妇禁止使用。

15. 薰衣草

英文名	拉丁文名	家族科别
Lavender	Lavandula angustifolia	唇形科 Labiatae /Lamiaceae
精油外观	无色或淡黄色液体	
香味	具有花香、草香、树脂、木香的混合香味	
适宜调配的精油	大部分的精油都可与之调配，尤其是甘菊、柑橘属植物、鼠尾草、橙花、广藿香、香水树等	

地理分布：多数生长于法国和意大利南部地中海沿海的阿尔卑斯山南麓一带，以及西班牙、北非、中国新疆伊犁哈萨克自治州等地。

萃取方式：采用蒸馏法从整株植物、新采摘的花朵以及茎干中取得薰衣草精油。

特性成分：芳樟醇、薰衣草醇、乙酸芳樟酯、乙酸薰衣草酯等。

生理疗效：腹绞痛、粉刺、过敏症、脚气、烧伤、烫伤、止痛、疤痕、头痛、蚊虫咬伤、高血压、肌肉酸痛、月经不调、不孕症、流行性感冒、耳痛、发炎等。

心理疗效：经前期紧张症、惊吓、失眠、抑郁、焦虑、压力、情绪失落。

注意事项：孕期前12周的孕妇禁止使用，不可过量使用。

16. 柠檬草

英文名	拉丁文名	家族科别
Lemongrass	Cymbopogon citratus	禾本科 Gramineae
精油外观	黄色近琥珀色液体	
香味	清新、强烈的柠檬草气味	
适宜调配的精油	天竺葵、茉莉、薰衣草等	

地理分布：多数生长在东西印度、斯里兰卡、非洲及亚洲部分地区。

萃取方式：将砍下的新鲜或半干的柠檬草以蒸馏法提炼精油。

特性成分：香叶醛、橙花醛、β-月桂烯、牻牛儿醇、乙酸香叶酯、芳樟醇等。

生理疗效：痤疮、脚气、发烧、头痛、消化不良、感染性疾病、毛孔粗大、发汗、血液循环差、结肠炎、盗汗等。

心理疗效：精神不振、神经衰弱、注意力不集中、情绪冷淡等。

注意事项：稀释至浓度为0.1%时使用，某些肤质使用会引起皮肤过敏发炎，需谨慎。

17. 柠檬

英文名	拉丁文名	家族科别
Lemon	Citrus limonum	芸香科 Rutaceae
精油外观	淡黄绿色液体	
香味	清凉、醒脑、略微刺鼻的柑橘味	
适宜调配的精油	安息香、甘菊、柑橘属、桉树、茴香、天竺葵、杜松、玫瑰、薰衣草、檀香木等	

　　地理分布：多数生长于美国、意大利西西里岛、塞浦路斯、以色列、葡萄牙等地。

　　萃取方式：以冷压法自柠檬皮中取得，生柠檬比成熟柠檬出油率更高。

　　特性成分：蒎烯、莰烯、桧烯、月桂（香叶）烯、松油精、芳樟醇、红没药烯、柠檬油精、橙花醇、橙花醛等。

　　生理疗效：痤疮、粉刺、皮肤苍白、蚊虫叮咬、青春痘、指甲断裂、皮肤油腻、伤口、美白、气喘、消化不良、感染等。

　　心理疗效：情绪低迷、压力、精神疲倦、不信任感、犹豫不决、胡思乱想、恐惧等。

　　注意事项：具有轻度光敏反应，使用后必须避免停留在阳光直射的地方；稀释至浓度为0.1%时使用。

18. 香蜂草

英文名	拉丁文名	家族科别
Melissa True	Melissa officinalis	唇形科 Labiatae
精油外观	淡柠檬色液体	
香味	清新、浓烈的甜柠檬香	
适宜调配的精油	天竺葵、薰衣草、橙花、柑橘属、香水树等	

地理分布：多数生长于法国、西班牙、德国以及俄罗斯等地。

萃取方式：采用蒸馏法从叶片和花朵中取得精油。

特性成分：香茅酸、香茅醇、牻牛儿醇、芫荽油、柠檬醛、香茅、牻牛儿酯、丁香油烟等。

生理疗效：过敏症、气喘、蚊虫叮咬、支气管炎、咳嗽、伤风、沮丧、发烧、高血压、月经问题、偏头痛、心悸、皮肤病、不孕症、眩晕、恶心等。

心理疗效：重度抑郁、厌世、消极思想、深度悲伤、焦躁不安、情绪低迷、压力、惊恐、神经紧张等。

注意事项：最好以1%或低于1%的稀释浓度使用，因高浓度会造成皮肤不适；有可能降低血压。

19. 没药

英文名	拉丁文名	家族科别
Myrrh	Commiphora myrrha	橄榄科 Bureseraceae
精油外观	①以蒸馏法萃取的颜色为淡黄色至琥珀色；②以溶剂萃取法萃取的树脂油颜色为深红色	
香味	①带着药草气味的甜香；②温暖、辛辣、浓郁的树脂味	
适宜调配的精油	安息香、乳香、天竺葵、杜松、薰衣草、橘、广藿香、欧薄荷、杉木、辛香类精油、百里香等	

地理分布：多数生长于利比亚、伊朗、东非、也门、阿曼等地。

萃取方式：用蒸馏法从树皮渗出的树脂中取得精油。

特性成分：松萜或蒎烯、杜松（萜）烯、柠檬油精、对异丙亚苄基丙二酸、丁子香酚、甲酚、乙酸、蚁酸、其他倍半萜烯等。

生理疗效：气喘、脚气、闭经、支气管炎、鼻塞、感冒、咳嗽、腹泻、消化不良、牙龈炎、痔疮、皮肤病（湿疹、钱癣）、食欲不振、阴道炎、良好的漱口剂等。

心理疗效：消极、害怕、犹豫不决、对未来不确定、兴奋、多动以及有情绪反应过度的问题等。

注意事项：不建议高剂量使用，低剂量是不惧毒性的，安全性高，无皮肤过敏或其它过敏报告；孕妇禁止使用。

20. 苦橙花

英文名	拉丁文名	家族科别
Neroli	Citrus aurantium	芸香科 Rutaceae
精油外观	浓厚的黄棕色液体	
香味	强力的、略带苦味的、有些木材气味的花香味	
适宜调配的精油	大部分的精油皆可与之协调，特别是安息香、鼠尾草、天竺葵、薰衣草等	

地理分布：多数生长于远东地区、意大利、西班牙等地。

萃取方式：用蒸汽蒸馏法从苦柳橙树新摘的花朵中提取精油，而橙花的香脂或绝对油则以溶剂萃取法自苦柳橙树新摘的花朵中取得。

特性成分：α-蒎烯、莰烯、β-蒎烯、α-萜品烯、橙花醇、橙花醇乙酸酯、金合欢醇、酸酯和吲哚等。

生理疗效：美白、保湿、抗皱、淡斑、消除妊娠纹的护肤功效，具有镇定神经、治疗失眠，改善头晕、头痛，肠胃不适，静脉曲张，舒缓筋骨，放松肌肉等功效。

心理疗效：克服沮丧焦虑，使人精神愉快，安抚内分泌失调造成的情绪燥郁，改善睡眠，橙花具有惊人的安抚心灵的作用。

注意事项：具有光敏性，使用后皮肤请勿长期暴露在强光下，建议于晚上使用，温和、无毒性、无刺激性、无皮肤敏感性报告，是较为安全的精油，孕妇可使用。

21. 甜橙

英文名	拉丁文名	家族科别
Orange	Citrus Aurantium	芸香科 Rutaceae
精油外观	黄橙色液体或无色至浅黄色液体	
香味	明显可辨的甜果香或清淡的果香	
适宜调配的精油	肉桂叶、鼠尾草、薰衣草、没药、橙花等	

　　地理分布：多数生长于中国、美国、以色列、塞浦路斯、巴西、地中海地区国家等。

　　萃取方式：以冷压法从成熟的甜橙果皮中取得精油，也可采用蒸汽蒸馏法来提取。

　　特性成分：柠檬烯、β-蒎烯、（＋）-柠檬烯-1、2-环氧化物、β-水芹烯、芳樟醇、α-蒎烯等。

　　生理疗效：养胃精油、适合肤色油性晦暗皮肤、口腔溃疡、伤风感冒、失眠、胃痉挛、消化不良、打喷嚏、流感等。

　　心理疗效：压力引起的症状、太在乎别人的看法、虐待倾向、精神紧张等。

　　注意事项：非危险刺激性精油。

22. 广藿香

英文名	拉丁文名	家族科别
Patchouli	Pogostemon Patchouli	唇形科 Lamiaceae
精油外观	深橙色或琥珀色液体	
香味	浓郁、香甜、辛辣、略带土质的木香味	
适宜调配的精油	佛手柑、鼠尾草、天竺葵、薰衣草、没药、橙花、玫瑰、紫檀等	

地理分布：多数生长于印度、中国、马来西亚、南非、菲律宾、印度尼西亚等地。

萃取方式：采用蒸汽蒸馏法从广藿香干燥的叶片中提取精油。

特性成分：藿香醇、广藿香烯、丁香酚、杜松烯等。

生理疗效：脚气、粉刺、头皮屑、皮肤炎、湿疹、驱虫剂、毛孔粗大、外伤、皱纹、护发等。

心理疗效：焦虑、忧郁、精神不振、压力、情绪起伏、冷感症、不孕、精神紧张、优柔寡断等。

注意事项：安全，无毒性，无刺激性，无皮肤敏感性报告。

23. 黑胡椒

英文名	拉丁文名	家族科别
Pepper, Black	Piper nigrum	胡椒科 Piperaceae
精油外观	清橙的淡柠檬色	
香味	尖锐、辛辣的树脂味	
适宜调配的精油	乳香、马乔莲、薰衣草、迷迭香、辛香类精油、檀香木等	

　　地理分布：多数生长于亚洲的热带地区、西南印度、印度尼西亚、新加坡、马来西亚等地。

　　萃取方式：采用蒸汽蒸馏法从黑胡椒黑色干裂、压碎的颗粒中提取精油。

　　特性成分：丁香酚、肉豆蔻油醚、黄樟脑、没药萜烯、樟烯、麝子油烯、柠檬烯、杨梅烯、水茴香萜、松油萜、桧烯、蛇床烯、侧柏烯等。

　　生理疗效：贫血、驱虫、鼻塞、伤风感冒、腹泻、痛风、流行性感冒、神经痛、恶心、感染、肌肉痛、反胃、风湿症。黑胡椒精油还可用于医药可治疗痛风、天花、猩红热、痢疾、霍乱及淋巴腺鼠疫等疾病。

　　心理疗效：心烦意乱、冷淡、慵懒、忧郁、精神疲劳等。

　　注意事项：低剂量使用。

24. 辣薄荷

英文名	拉丁文名	家族科别
Peppermint	Mentha piperita	唇形科 Lamiaceae
精油外观	淡柠檬色至淡橄榄绿色	
香味	清新、强烈的薄荷味	
适宜调配的精油	安息香、桉树、薰衣草、柠檬、马乔莲、迷迭香、绿薄荷等	

地理分布：多数生长于法国、英国、美国等地。

萃取方式：采用蒸汽蒸馏法从欧薄荷整株开花的植物中萃取精油。

特性成分：薄荷醇、薄荷酮、桉树脑、醋酸甲酯、甲基乙醇呋喃、柠檬油精、松莃或蒎烯、桧烯氢氧化物和蒲勒酮等。

生理疗效：粉刺、气喘、支气管炎、鼻塞、感冒、抽筋、皮肤炎、胃胀气、头痛、伤风、口臭、身体疲惫、牙痛、鼻窦炎、经痛、心悸、眩晕等。

心理疗效：惊吓、工作量超负荷、呆滞、精神疲倦、情绪低迷等。

注意事项：欧薄荷含有较高薄荷脑成分，建议稀释浓度到1%再少量使用，孕妇、癫痫患者、心脏病患者、正在进行其他同位疗法的患者禁止使用。

25. 迷迭香

英文名	拉丁文名	家族科别
Rosemary	Rosmarinus officinalis	唇形科 Lamiaceae
精油外观	无色至淡黄色液体	
香味	强烈、浓郁的青草味	
适宜调配的精油	紫苏、佛手柑、丝柏、薰衣草、欧薄荷、绿薄荷	

地理分布：多数生长于美国加州、俄罗斯、中东、法国、西班牙等地。

萃取方式：采用蒸汽蒸馏法从新鲜采摘的迷迭香花朵中提取精油。

特性成分：α-蒎烯、莰烯、β-蒎烯、1,8-桉叶素、樟脑、龙脑等。

生理疗效：痤疮、气喘、支气管炎、感冒、抽筋、皮肤炎、胃胀气、头痛、白带、胆固醇过高、神经痛、油性发质、肌肉酸痛、低血压、蚊虫叮咬等。

心理疗效：疲倦、压力、犹豫不决、记忆力衰退、情绪低迷、过度紧张、压力引起的症状等。

注意事项：高血压及癫痫患者禁止使用，糖尿病患者禁止使用，孕妇禁止使用。

26. 玫瑰

英文名	拉丁文名	家族科别
Rose	Rosa damascena	蔷薇科 Rosaceae
精油外观	①淡黄色液体；②暗橙棕色液体	
香味	浓郁的花香	
适宜调配的精油	大部分精油皆可与之协调，特别是佛手柑、鼠尾草、茉莉、天竺葵、香蜂草、广藿香、檀香木等	

地理分布：多数生长于在法国、中国、印度、土耳其、摩洛哥、俄罗斯、保加利亚等地。

萃取方式：采用萃取蒸馏和溶剂萃取法从新鲜花瓣中提取。

特性成分：香茅醇、苯基乙醇、牻牛儿醇、橙花醇、苯基乙醛、法呢醇（金合欢醇）、玫瑰蜡、微量的壬醇、芳樟醇、壬醛、柠檬醛、香芹酮、乙酸香茅、甲基丁子香酚、丁子香酚等。

生理疗效：气喘、表面微血管扩张、皮肤干涩、湿疹、头痛、花粉过敏症、便秘、更年期问题、经血量过多、月经不调、肾虚、心悸、循环不良、皱纹及老化肌肤、子宫疾病等。

心理疗效：抑郁、悲伤、经前综合症、缺乏女性化特质、压力、惊吓、失眠、精神紧张、阳痿、性冷淡等。

注意事项：低浓度下使用，怀孕前12周的孕妇禁止使用。

27. 檀香木

英文名	拉丁文名	家族科别
Sandalwood	Santalum album	檀香科 Santalaceae
精油外观	淡黄、淡绿、棕绿色液体	
香味	非常香甜、温暖、柔和、厚重的木香味	
适宜调配的精油	佛手柑、安息香、鼠尾草、柏树、乳香、天竺葵、茉莉、薰衣草、柠檬、没药、玫瑰、橙花、香水树、广藿香等	

地理分布：多数生长于印度、斯里兰卡、马来西亚、印度尼西亚、中国台湾等。

萃取方式：采用蒸汽蒸馏法从先晒干、再碾碎的檀香木的心材和根部中取得精油。

特性成分：α-檀香醇、β-檀香醇等。

生理疗效：痤疮、支气管炎、鼻塞、咳嗽、膀胱炎、腹泻、肾虚、阳痿、反复恶心、皮肤症状（缺水老化、粗糙干裂、油性皮肤）、定香剂和防腐剂、消毒杀菌等。

心理疗效：抑郁、压力、记恨、孤独、失眠、性冷淡、不孕、敏感、害羞、多泪、胆怯、精神虚弱等。

注意事项：温和、无毒性、无刺激性、无皮肤敏感性报告。

28. 互叶白千层

英文名	拉丁文名	家族科别
Paperbark-tree	Melaleuca alternifolia	桃金娘科 Myrtaceae
精油外观	无色至淡黄色液体	
香味	温暖、清新、辛辣、刺鼻的医药味	
适宜调配的精油	鼠尾草、天竺葵、薰衣草、马乔莲、迷迭香等	

地理分布：多数生长于英国南威尔士、澳大利亚等地。

萃取方式：采用蒸汽蒸馏法从茶树的叶片和嫩枝中提取精油。

特性成分：乙烯、松油精、柠檬油精、桉油酚、香油脑、茴香素等。

生理疗效：气喘、脚气、咳嗽、鼻塞、蚊虫叮咬、传染病、口角溃疡、杀菌消炎、祛痘、外伤、囊包、伤口感染、油性皮肤等。

心理疗效：臆想病、虚弱、没有活力、焦躁不安、歇斯底里、消极、休克等。

注意事项：安全，可直接涂在皮肤上，无毒性、无刺激性、无皮肤敏感性的报告。

29. 百里香

英文名	拉丁文名	家族科别
Thyme	Thymus vulgaris	唇形科 Lamiaceae
精油外观	清澈的淡黄绿色液体	
香味	香甜、清新、温和的青草味	
适宜调配的精油	佛手柑、薰衣草、柠檬、马乔莲、香蜂草、杉木、迷迭香等	

地理分布：多数生长于地中海地区、西班牙、法国、俄罗斯等地。

萃取方式：采用蒸汽蒸馏或水蒸馏法从百里香新鲜或半干的叶片及花朵中提取精油。

特性成分：百里酚、沉香醇、香荆籍酚、龙脑、芫荽油醇、松油烃、丁香烃、苯酚等。

生理疗效：粉刺、关节炎、气喘、支气管炎、瘀伤、烧伤、伤风感冒、蜂窝组织炎、膀胱炎、消化不良、防腐、肥胖、传染病、肌肉酸痛、扭伤、分泌闭止、抗痉挛等。

心理疗效：活化心理和生理、过度敏感的性格、精神不振、心力交瘁、理解力差、困惑等。

注意事项：甜百里香是一种强烈的消毒剂，使用时务必稀释；孕妇和高血压患者禁止使用；红色甜百里香可能刺激皮肤或过敏。

30. 依兰

英文名	拉丁文名	家族科别
Ylang-Ylang	Cananga odorata	番荔枝科 Annonaceae
精油外观	非常清澈的淡黄绿色	
香味	浓郁、甜腻、强烈、些许辛辣的香味	
适宜调配的精油	可与大部分精油混合，特别是茉莉、玫瑰、檀香木、岩兰草等	

地理分布：多数种植于东南亚，马达加斯加、科摩罗群岛、塞舌尔、毛里求斯和塔西提等地。

萃取方式：采用蒸汽蒸馏法从香水树新摘的花朵中提取精油。

特性成分：安息香酸、麝子油醇、牻牛儿醇、芫荽油、杜松萜、松油烯、乙酸苯酯等。

生理疗效：高血压平衡皮脂分泌、防老化、防皱、护发、平衡荷尔蒙、调理生殖系统等。

心理疗效：阳痿早泄性冷淡，具催情作用，放松神经系统、使人欢乐，缓解愤怒、焦虑、震惊、恐慌等。

注意事项：使用时间过长或使用浓度过高可能会导致头痛或反胃，皮肤湿疹发炎时应避免使用。

附录2　各类肌肤适用精油索引

皮肤状况	有益精油	备注
中性皮肤	乳香、天竺葵、没药、广藿、檀香木、桃金娘	用核桃油或者杏仁油当作媒介油
油性皮肤	佛手柑、白千层、柏树、天竺葵、薰衣草、柠檬、橘、桃金娘、掌形玫瑰、广藿香、檀香木	用胡萝卜籽油或者葡萄籽油再加上一点小麦胚芽油
干性皮肤	苦橙花、紫檀、檀香木、桃金娘、玫瑰、安息香、天竺葵	用荷荷巴油、酪梨油当作媒介油
干性敏感	甘菊、乳香、薰衣草、玫瑰、紫檀木、紫罗兰	用杏核油加小麦胚芽油或维生素E油当作媒介油
皱纹老化	鼠尾草、乳香、天竺葵、茉莉花、薰衣草、玫瑰、紫檀、檀香木	将25%的酪梨油和75%的核桃油调在一起当作媒介油
敏感燥红	德国甘菊、罗马甘菊、薰衣草、柠檬草、柠檬、茶树	用芦荟油、荷荷巴油当作媒介油
青春痘	佛手柑、白千层、薰衣草、柠檬、莱姆、橙叶、茶树	可先以薰衣草水熏蒸，再用按摩油或直接将茶树精油滴在青春痘上
晒伤	德国甘菊、罗马甘菊、薰衣草、檀香木、桃金娘	用芦荟油、荷荷巴油作为媒介油
皮肤敏感	德国甘菊、罗马甘菊、薰衣草、柏树、马乔莲	可用纯净水代替媒介油

（续上表）

皮肤状况	有益精油	备注
伤疤	乳香、薰衣草、橘、苦橙花、掌形玫瑰、广藿香、紫檀木、紫罗兰	顺着疤纹四周皮肤生长的方向按摩
蚊虫咬伤	桉树、薰衣草、茶树、香蜂草	在受感染的地方滴一滴精油或者调油使用
湿疹（潮湿性）	德国甘菊、杜松	/
荨麻疹	德国甘菊、罗马甘菊、薰衣草、檀香木、茶树	可以纯净水代替媒介油
牛皮癣	白芷根、佛手柑、甘菊、白千层、薰衣草	在受感染的地方滴一滴精油或者调油使用
金钱癣	薰衣草、没药、迷迭香、茶树、百里香	在受感染的地方滴一滴精油或者调油使用
伤口溃疡	安息香、甘菊、桉树、天竺葵、薰衣草、没药、茶树、百里香	用晚樱草做媒介油
痤疮（毛孔粗大、伴随皮脂感染现象）	柠檬、柠檬草、薰衣草、桃金娘、檀香木、茶树、百里香	胡萝卜油、山茶花油是护理痤疮很好的精油
疣	百里香、茶树	直接将茶树精油涂在疣上，并将患部以贴布覆盖住

附录3　常见精油适用症状

常见症状	精油
愤怒	甘菊、香蜂草、苦橙花、玫瑰、香水树
冷漠	茉莉、杜松、广藿香、迷迭香
焦虑	紫苏、安息香、佛手柑、甘菊
心情混乱、困惑	紫苏、柏树、乳香
忧郁、沮丧	紫苏、佛手柑、甘菊、鼠尾草、乳香
恐惧	紫苏、鼠尾草、茉莉、杜松
歇斯底里	甘菊、鼠尾草、牛膝草、苦橙花
不耐烦/急躁	甘菊、樟脑、柏树
犹豫不决/优柔寡断	欧薄荷、广藿香
易怒	薰衣草、马乔莲、乳香
神经质	柏树、天竺葵、茉莉、薰衣草
悲伤	牛膝草、马乔莲、香蜂草、玫瑰
易感	甘菊、茉莉、香蜂草
臆想症	茉莉、香蜂草、香水树
惊吓	香蜂树、苦橙花、欧薄荷、茶树
压力	安息香、佛手柑、杉木
紧张不安	马乔莲、香蜂草、苦橙花、玫瑰
青春痘	佛手柑、白千层、薰衣草、柠檬、莱姆、橙叶、茶树
晒伤	德国甘菊、罗马甘菊、薰衣草、檀香木、桃金娘
扩张纹	乳香、薰衣草、橘、苦橙花、掌形玫瑰、广藿香、紫檀木、紫罗兰
皮肤敏感	德国甘菊、罗马甘菊、薰衣草、柏树、马乔莲
伤疤	乳香、薰衣草、橘、苦橙花、掌形玫瑰、广藿香、紫檀木、紫罗兰
蚊虫咬伤	桉树、薰衣草、茶树、香蜂草

附录4　精油芳疗名词索引

芳香疗法是运用芳香植物蒸馏萃取出的精油促进身心健康和心灵平衡的全方位治疗艺术。精油含酮、酯化学成分，这些成分决定了它的治疗特性，以吸入、沐浴、按摩等方式使用，起到改善焦虑、疼痛、疲倦及伤口愈合。

1. 基本概念

（1）芳香精油。是从芳香植物中萃取出来具有疗效的的精华，同时也被称为植物荷尔蒙，精油液体黄金是由250多种细小的分子组成，浓度是普通草药的70多倍。

（2）单方精油。单纯的一种精油，未与其他精油混合。

（3）复方精油。两种或两种以上的精油混合，彼此协调，相辅相成、互相增强效果。

（4）基础油。是指用来调和一种或几种高浓度单方精油（不适合直接涂抹在皮肤上）的纯植物媒介油，经基础油调和后，即可用按摩等方法直接在身体上使用。

（5）高度精油。挥发速度最快，作用也最快，具有提神振奋功效。

（6）中度精油。具有个性的香气，代表使用者人格特质或是想向世界所展现的特色，可帮助消化系统、各器官生理功能、加速新陈代谢等。

（7）低度精油。具有香气最持久的特性，主要作用在黏膜系统和脊椎。

2. 精油在芳香治疗中的各种形式

扩香、蒸汽吸入法、蒸汽坐浴法、泡浴、身体保养油、护肤乳霜、口服、局部湿敷、冲洗、贴敷、芳香按摩等。

（1）按摩法。

适用症状：脸部保养、按摩放松、肌肉紧绷、肢体僵硬、减肥塑胸、腹痛、便秘、抽筋、痛经等。

建议用法：脸部，5 mL天然基础油添加1～4滴精油，混合均匀后即可用于按摩。

身体，10 mL的基底沐浴/按摩精油添加5～8滴精油，混合均匀后即可用于按摩。

注意事项：精油现调现用，应尽快用完，防止变质。

（2）沐浴法。

适用症状：调理全身机能，促进系统循环，缓解疲劳、神经衰弱、风湿关节痛、焦虑沮丧、精神紧张等。

建议用法，沐浴：10 mL的基底沐浴胶添加5-8滴精油，混合均匀后即可用于淋浴。

泡澡，装有温水的浴盆中添加5～8滴精油，混合均匀后即可用于泡澡。

安全须知：精油沐浴以适中水温为主，避免挥发性精油逸散得太快。泡澡时需防止溅到眼睛里。

（3）熏蒸法。

适用症状：安抚情绪、改善睡眠、增加记忆、保持空气清新、净化空气、提升情欲、抑菌杀毒、降低呼吸道感染及预防感冒等。

建议用法：在熏香陶瓶或熏香灯中加入八分满的水，添加5～6滴精油，将底部的无烟蜡烛点燃，可连续燃烧4h。

安全须知：如若室内空间较大，可视情况酌量提高精油浓度。

（4）嗅吸法。

适用症状：改善呼吸道系统问题、提神醒脑，缓解鼻塞、气喘、反胃、头晕等生理不适。

建议用法：在手帕上滴加2～3滴的精油，即可直接嗅吸。

安全须知：为防止精油使手帕变色，可选取较深色的手帕。

附录5　植物精油中文名/英文名/拉丁文名/植物科别索引

中文名称	英文名称	拉丁文名称	家族科别
罗勒	Basil	Ocimum basilicum	Lamiaceae
佛手柑	Bergamot	Citrus bergamia	Rutaceae
白千层	Cajeput	Melaleuca leucodendron	Myrtaceae
杉木（亚特拉斯）	Cedarwood, Atlas	Cedrus atlantica	Taxodiaceae
杉木（德州）	Cedarwood, Texas	Juniperus ashei	Taxodiaceae
杉木（维吉尼亚）	Cedarwood, Virginian	Juniperus virginiana	Taxodiaceae
洋甘菊（德国）	Chamomile, German	Matricaria recutita	Compositae
洋甘菊（摩洛哥）	Chamomile, Maroc	Ormenis multicaulis	Compositae

（续上表）

中文名称	英文名称	拉丁文名称	家族科别
洋甘菊（罗马）	Chamomile, Roman	Anthemis nobilis	Compositae
肉桂叶	Cinnamon Leaf	Cinnamomum zeylanicum	Lauraceae
香茅	Citronella	Cymbopogon nardus	Poaceae
快乐鼠尾草	Clary Sage	Salvia sclarea	Labiatae
柏树	Cypress	Cupressus sempervirens	Cupressaceae
桉树（蓝胶树）	Eucalyptus, Blue Gum	Eucalyptus globulus	Myrtaceae
桉树（柠檬味）	Eucalyptus, Lemon scented	Eucalyptus Citriodora	Myrtaceae
桉树（窄叶树）	Eucalyptus, Narrow-leaved peppermint	Eucalyptus Radiata	Myrtaceae
桉树（胶树）	Eucalyptus, Gully Gum	Eucalyptus Smithii	Myrtaceae
茴香（甜）	Fennel, Sweet	Foeniculum vulgare	Umbelliferae
天竺葵	Geranium	Pelargonium graveolens	Geraniaceae
生姜	Ginger	Zingiber officinalis	Zingiberaceae
葡萄柚	Grapefruit	Citrus paradisi	Rutaceae
红桧（台湾）	Ho wood	Chamaecyparis formosensis matsum	Cupressaceae
牛膝草	Hyssop	Hyssopus officinalis	Labiatae
杜松梅	Juniperberry	Juniperus communis	Cupressaceae
真实薰衣草	Laverder, true	Lavandula angustifolia	Labiatae

中文名称	英文名称	拉丁文名称	家族科别
法国薰衣草	Lavandin	Lavandula intermedia	Labiatae
穗花薰衣草	Laverder, spike	Lavandula latifolia	Labiatae
薰衣草	Laverder	Lavandula	Labiatae
柠檬	Lemon	Citrus limonum	Rutaceae
柠檬草	Lemongrass	Cymbopogon Citratus	Poaceae
橘	Mandarin	Citrus reticulata	Rutaceae
马乔莲（甜）	Marjoram, Sweet	Origanum majorana	Labiatae
马乔莲（西班牙）	Marjoram, Spanish	Thymus mastichina	Lamiaceae
山鸡椒	May Chang	Litsea cubeba	Lauraceae
香蜂草	Melissa	Melissa officinalis	labiatae
桃金娘	Myrtle	Myrtus communis	Myrtaceae
苦橙花	Neroli (Orange Blossom)	Citrus aurantium var.amara	Rutaceae
绿花白千层	Niaouli	Melaleuca viridiflora	Myrtaceae
苦柳橙	Orange, Bitter	Citrus aurantium var.amara	Rutaceae
甜柳橙	Orange, Sweet	Citrus sinensis	Rutaceae
棕榈草（掌形玫瑰、玫瑰草）	Palmarosa	Cymbopogon martini	Gramineae
广藿香	Patchouli	Pogostemon cablin	Labiatae
黑胡椒	Pepper, black	Piper nigrum	Piperaceae
辣薄荷	Peppermint	Mentha piperita	Labiatae
苦橙叶	Petitgrain	Citrus aurantium var.amara	Rutaceae
针松（苏格兰）	Pine, Scotch	Pinus sylvestris	Pinaceae

中文名称	英文名称	拉丁文名称	家族科别
迷迭香	Rosemary	Rosmarinus officinalis	Labiatae
紫檀	Rosewood	Pterocarpus indicus willd	Leguminosae
檀香木	Sandalwood	Santalum album	Santalaceae
绿薄荷	Spearmint	Mentha spicata	Labiatae
互叶白千层	Paperbark-tree	Melaleuca alternifolia	Myrtaceae
百里香	Thyme, White	Thymus vulgaris	Labiatae
缬草	Valerian	Valeriana Officinalis	Valerianaceae
岩兰草	Vetiver	Vetveria zizanoides	Poaceae
香水树	Ylang-Ylang	Cananga odorata var.genuine	Anonaceae
茉莉	Jasmine	Jasminum grandiflorum	Oleaceae
没药	Myrrh	Commiphora myrrha	Burseraceae
玫瑰（大马士革）	Rose, Damask	Rosa damascena	Rosaceae
西洋蔷薇	Rose, Cabbage	Rosa centifolia	Rosaceae
安息香	Benzoin	Styrax benzoin	Styraceae
乳香	Frankincence	Boswellia carterii	Burseraceae